中国自主产权芯片技术与应用丛书

汇编语言编程基础

基于 LoongArch

孙国云 敖琪 王锐 著

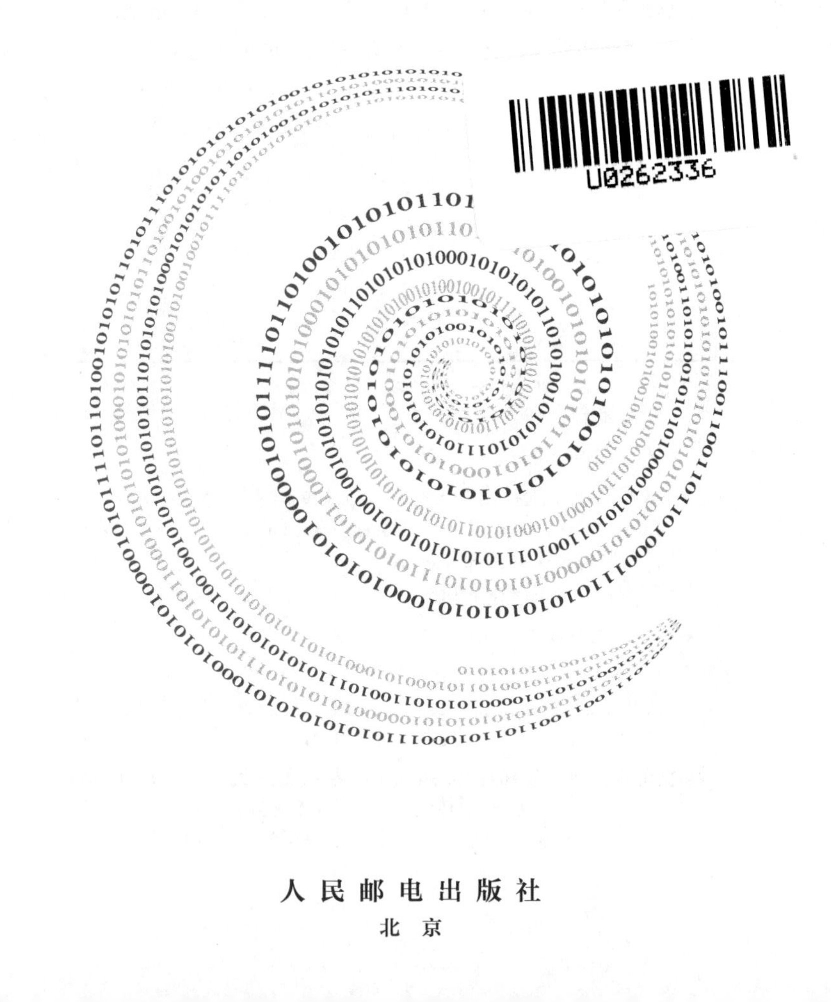

人民邮电出版社
北京

图书在版编目（CIP）数据

汇编语言编程基础 ：基于LoongArch / 孙国云，敖琪，王锐著. -- 北京 ：人民邮电出版社，2023.1
（中国自主产权芯片技术与应用丛书）
ISBN 978-7-115-59542-3

Ⅰ. ①汇… Ⅱ. ①孙… ②敖… ③王… Ⅲ. ①汇编语言一程序设计 Ⅳ. ①TP313

中国版本图书馆CIP数据核字(2022)第109014号

内 容 提 要

汇编语言是人和计算机沟通的最直接的方式，它描述了机器最终所要执行的指令序列。汇编语言和机器语言一样都是和计算机体系架构强绑定的低级语言。本书是龙芯自主指令集的首本汇编语言教程，系统讲解龙芯处理器全新的自主指令系统架构LoongArch。

本书循序渐进地介绍基于LoongArch的汇编语言知识，包括计算机语言、使用汇编语言的场景等基础知识，寄存器、指令集、函数调用等汇编语言的核心内容，以及编写程序示例和常用的调试手段。本书并不是逐条地讲解每一条指令的功能，而是通过关键指令的拆解来介绍计算机工作的基本原理，同时恰当地指出LoongArch的特殊之处，便于读者理解、实践、应用LoongArch。

本书非常适合基于龙芯架构的工程技术人员学习参考，也可作为从事计算机体系架构或计算机系统设计的工程技术人员的参考书，还可用作大学计算机专业的延伸阅读资料。本书的读者应具备以下基础：具有计算机的使用经验，具有计算机基础知识，具有一门高级语言（C、Java、Python等）的基本编程基础知识。

◆ 著　　　孙国云　敖　琪　王　锐
　责任编辑　赵祥妮　宋吉文
　责任印制　陈　犇

◆ 人民邮电出版社出版发行　　北京市丰台区成寿寺路 11 号
　邮编　100164　　电子邮件　315@ptpress.com.cn
　网址　https://www.ptpress.com.cn
　涿州市京南印刷厂印刷

◆ 开本：787×1092　1/16
　印张：11.5　　　　2023 年 1 月第 1 版
　字数：246 千字　　2023 年 1 月河北第 1 次印刷

定价：49.90 元

读者服务热线：(010)81055410　印装质量热线：(010)81055316
反盗版热线：(010)81055315
广告经营许可证：京东市监广登字 20170147 号

PREFACE

前言

掌握好一类汇编语言的使用需要涉及多方面的知识，例如基本的信息表示和处理、处理器的体系架构、存储器的层次结构、程序的生命周期和编译过程，而不仅限于汇编语言本身。对于如此多的知识点，一本书很难做到面面俱到。本书的重点是介绍龙芯汇编语言的使用，围绕如何使用龙芯汇编语言编写程序展开讲解，并扩展介绍部分处理器体系架构、程序编译过程、程序调试工具等相关知识。对于汇编语言涉及的信息表示和处理，例如最基本的二进制和十六进制表示、进制间的转换、基本数学运算、逻辑运算等，本书没有做专门的讲解。因此，本书适合对计算机基础理论有一定了解的读者。对于缺少相关知识的读者，我建议通过其他课程或教材进行学习。

本书第 01~04 章重点介绍汇编语言的概念和龙芯基础指令集 LoongArch，具体包括汇编语言的概念及其使用场景、LoongArch 指令特性、C 语言到 LoongArch 指令的编译过程、LoongArch 基础整数指令集和 LoongArch 基础浮点数指令集。龙芯官方发布的龙芯架构参考手册已经对每一条指令的使用都做了单独的功能解释。本书在此基础上，聚焦指令集中整数指令集和浮点数指令集的使用，而且在每一章都穿插了很多示例，以此希望读者可以快速入门龙芯汇编语言。

本书第 05~08 章重点介绍 LoongArch ABI 和汇编程序的编写，具体包括整型寄存器和浮点寄存器的使用约定、函数调用约定和栈布局、目标文件的格式、汇编源程序和内嵌汇编的基本语法和编写示例。如果读者希望能够无障碍地阅读汇编程序，甚至能独立编写正确且健壮的汇编程序，那么这部分的知识是必须理解和掌握的。因为这部分内容的工程性很强，所以希望读者在学习此部分的过程中多动手实践，从而更深刻地理解相关内容。

本书第 09~10 章重点介绍汇编程序的调试手段和程序的性能优化，具体包括程序功能调试工具 GDB、程序性能分析工具 perf 的使用、常见汇编性能优化手段。这部分对上述调试工具的使用仅是概要性的介绍，因为每一类工具的具体使用命令参数非常多，在平时工作中我们也很难全部用到。读者在实际工作如有需要，我建议多多使用工具的帮助文档进行了解。汇编程序的性能优化可以说是涉及的知识面最广、难度最大的一部分。本书尽量对这部分涉及的相关体系架构知识进行简单直白的介绍，并对常见的优化手段、向量指令、指令融合、指令调度、循环展开等进行讲解。

最后，建议读者在阅读本书或实际工作中，常备龙芯官方发布的龙芯架构参考手册，以对使用的每条汇编指令有清晰的认识。如果读者希望对 LoongArch 指令集有更深入的了解，我推荐阅读《深入理解计算机系统》以及龙芯团队编写的《计算机体系结构 第 2 版》和《计算机体系结构基础 第 3 版》。

孙国云

2022 年 10 月

CONTENTS

目录

第01章 汇编语言和龙芯架构简介

第02章 一窥 LoongArch 指令风貌

第03章 LoongArch 基础整数指令集

CONTENTS

目录

第04章 LoongArch 基础浮点数指令集

第05章 LoongArch ABI

第06章 LoongArch 目标文件和进程虚拟空间

第07章 编写 LoongArch 汇编源程序

第08章 内嵌汇编

第09章 调试汇编程序

第10章 汇编程序性能优化

第01章

汇编语言和龙芯架构简介

初次接触计算机编程的人可能都会有一个困惑：怎么会有那么多种程序设计语言？例如，C、C++、Java、Go、Python、C#、Ruby、Objective-C、x86 汇编语言、ARM 汇编语言，以及本书将要介绍的龙芯汇编语言。它们是什么关系？为什么要学习汇编语言？希望看过本章内容以后，你会对此有所理解。

1.1 计算机语言

前文所罗列的语言统称为计算机语言。计算机语言就是用于人和计算机之间交流的语言。计算机是一组电子器件，要让它完成特定的工作，就需要向它输入一组它能识别和执行的语言（或者叫指令）。和人类语言一样，计算机语言也有一套标准的语法规范，有了规范才得以让计算机理解我们的意图并遵照执行。

计算机语言的种类很多，从使用层次的角度常被分成机器语言、汇编语言和高级语言三大类。简单来说，离计算机处理器最远（需要更多的编译流程后才能被计算机识别和执行）、层次最高（更接近自然语言和数学公式）的是高级语言，例如 C、C++、Java 等都属于高级语言；中间层次的是汇编语言；离计算机最近、处于最低层次的是机器语言，机器语言是唯一可以被计算机直接识别和执行的语言。绝大多数的计算机软件开发人员（或称程序员）通常使用更接近人类语言语法规则、更易于编写的高级语言来编写程序，然后利用编译器、汇编器把高级语言一步步转换成计算机可以识别的机器语言，最终交由计算机处理器执行并得出结果。这个流程如图 1-1 所示。

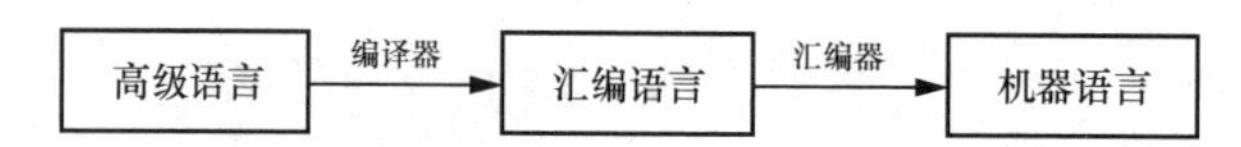

图 1-1 计算机语言转换过程

图 1-1 简单描绘了高级语言到机器语言的转换过程，涉及的工具是编译器和汇编器。其中编译器负责把高级语言（比如 C++ 语言）翻译成汇编语言，汇编器又把汇编语言翻译成机器语言。而机器语言就是最终可以被计算机识别和执行的语言。

下面按照与计算机处理器的距离，以由近及远的顺序分别介绍机器语言、汇编语言和高级语言。

1.1.1 机器语言

机器语言是计算机能直接识别和执行的程序语言，它的表示形式是二进制。进制就是记数的一种方法，我们最为熟悉的十进制，就是用 0~9 共 10 个数来表示的，遵循“逢十进一”的进制规则。而二进制只有“0”和“1”两个数，遵循“逢二进一”的规则。计算机的硬件作为一种电路元件，最容易用有电和没电状态来与外界进行交互，这两种状态，也称高电平和低电平，分别对应到二进制数的“1”和“0”，每个数字被称为一位 (bit)。

机器语言由多条机器指令（简称指令）组成。一条指令由固定长度的二进制数组成，用于指导计算机执行一个动作，例如加法运算、减法运算、与运算、从内存读取数据等。因此，指令是计算机执行的基本单位。计算机呈现给程序员的全部指令的集合就称为指令集或指令系统。可以说指令系统是软件和硬件的接口层，我们就是通过这个接口层指导计算机处理器为我们工作。指令系统有很多，常见的有 x86、ARM 等。中央处理器（Central Processing Unit，CPU）是计算机中的核心部件，其功能主要是解释指令以及处理计算机软件中的数据。特定的 CPU 只能识别特定指令，比如 x86 指令只能被采用 x86 指令集的处理器识别，而不能被采用 ARM 或 MIPS 指令集的处理器识别。一般而言指令集和体系架构是两个同义词，都包含一组指令集和一些寄存器。

龙芯指令系统中一条指令占用 32 位。比如我们要让龙芯处理器完成一个加法操作，它的机器指令可能如下：

```
0000 0010 1100 0001 0000 0000 0110 0011
```

这是让人很头疼的一串数字，因为我们很难直观读出这 32 个 0 和 1 的组合的语义。但又不是没有规律可循，因为机器指令同自然语言和高级计算机语言一样，是有语法规范的。一条机器指令长度固定（例如龙芯指令长度为 32 位），由操作码和操作数两部分组成，操作数又分为源操作数和目的操作数。这里拿 C 语言做个简单的比喻。

```
long c = a + 2;
```

这里可以认为符号“+”是操作码，表示这是个加法操作。变量 a 和常数 2 为源操作数，变量 c 即目的操作数，用于存放加法运算的结果。机器指令的语法规范语义也很类似，不过机器指令中的操作码不仅要表示运算类别（比如加法、减法、乘法等），还要表示是哪种数据类型（比如 int、double、long 等）的运算。同时机器指令中的操作数为寄存器（寄存器是计算机中临时存储数据的器件）或者常数。例如龙芯指令集中加法运算指令的语法规范如图 1-2 所示。

<table>
<tr><th></th><th>31</th><th>30</th><th>29</th><th>28</th><th>27</th><th>26</th><th>25</th><th>24</th><th>23</th><th>22</th><th>21</th><th>20</th><th>19</th><th>18</th><th>17</th><th>16</th><th>15</th><th>14</th><th>13</th><th>12</th><th>11</th><th>10</th><th>09</th><th>08</th><th>07</th><th>06</th><th>05</th><th>04</th><th>03</th><th>02</th><th>01</th><th>00</th></tr>
<tr><td>ADDI.W rd，rj，si12</td><td colspan="10">0 0 0 0 0 0 1 0 1 0</td><td colspan="12">si12</td><td colspan="5">ri</td><td colspan="5">rd</td></tr>
<tr><td>ADDI.D rd，rj，si12</td><td colspan="10">0 0 0 0 0 0 1 0 1 1</td><td colspan="12">si12</td><td colspan="5">ri</td><td colspan="5">rd</td></tr>
</table>

图 1-2　龙芯指令集中加法运算指令的语法规范

从图 1-2 可以看出，在龙芯指令集中，一条指令的长度为 32 位。对于加法指令，32 位中的高 10 位代表操作码。0b0000001010 代表 32 位的加法指令（ADDI.W），0b0000001011 代表 64 位数的加法指令（ADDI.D）。接下来的 12 位表示一个常数；再分别用两个 5 位表示源寄存器操作数 ri 和目的寄存器操作数 rd，ri 和 rd 可以是龙芯指令集提供的 32 个通用寄存器中的任意一个。

对照图 1-2，我们可以解读出这条机器指令的语义。其中高 10 位（0000 0010 11）为操作码，语义为带立即数的 64 位数（对应 C 语言的 long 类型）加法运算；接下来的 12 位（00 0001 0000 00）为第一个源操作数，且该源操作数是常数，换算成十进制数值为 64；再接下来的 5 位（00 011）为第二个源操作数，且该源操作数是寄存器，换算成十进制数值为 3，即代表第 3 个寄存器；最后的 5 位（0 0011）为目的操作数，看来也是第 3 个寄存器。故这条机器指令功能是实现第 3 个寄存器值和常数 64 的加法运算，将结果存入第 3 个寄存器。龙芯汇编指令的写法就是 addi.d r3, r3, 64。此条机器指令按语法规范表示为

```
0000 0010 11   |   00 0001 0000 00   |   00 011      |   0 0011
   操作码          第一个源操作数        第二个源操作数      目的操作数
```

要解读程序中每一条机器指令所代表的意思，要不断地对照指令手册来翻译。推想开来，我们要让计算机完成一个功能可能需要成千上万个这样的指令，如果使用机器指令编写，难度可想而知。

故有了后来更易读、易编写的汇编语言和高级语言。

1.1.2 汇编语言

汇编语言可以看作机器语言的升级版，用一些容易理解和记忆的字母、单词来代替特定的机器指令。通过这种方法让我们更容易阅读和理解程序正在执行的功能。比如 1.1.1 小节中龙芯指令架构下实现两个数的加法操作，其对应的机器指令和汇编指令分别如下：

```
机器指令： 0000 0010 1100 0001 0000 0000 0110 0011
汇编指令： addi.d   r3, r3, 64
```

从对应的汇编指令的书写上更容易解读出这条指令的语义：实现寄存器 r3 和常数 64 的加法操作，并将结果写回寄存器 r3。这样我们就省去了对照指令手册逐个翻译操作码和操作数来解读指令语义的过程。一条汇编指令通常由助记符和操作数两部分组成。助记符对应机器指令中的操作码，例如这里的 addi.d 就是助记符，代表这是一个 64 位加法操作；操作数代表指令的计算对象，例如这里的两个 r3 寄存器和常数 64。

通过这个例子可以看到，使用汇编语言，程序员不用关心这条指令对应的二进制数是多少，汇编器会帮助我们把它翻译成二进制的机器语言，编程效率得到很大提高。

汇编语言和机器语言一样都是和计算机体系架构强绑定的低级语言。也就是说，用龙芯汇编指令集编写的程序在不加以转换的情况下，不可能运行在基于x86指令集或ARM指令集的处理器上，反之亦然。

1.1.3 高级语言

高级语言是一个相对概念，通常可解读为越是易于程序员高效编写的语言越高级。例如刚开始出现 C 语言时，人们认为 C 语言比汇编语言高级，故称 C 语言为高级语言，而汇编语言为低级语言，当 Java、Python 语言出现后，人们又认为 C 语言不够高级。本书提到的高级语言是相对于汇编语言而言的，即不再强依赖计算机处理器的硬件体系架构、表达方式更接近自然语言和数学公式的程序设计语言，比如 C、C++、Java、Go 等。这些语言本身都是独立于处理器架构的，都有自己的语法规则且不能直接被计算机识别和执行，需要编译器和汇编器的翻译过程，相关程序被转变为机器指令后才被处理器识别和执行。例如要实现一个数的累加运算，使用 C 语言的编写如下：

```
++a;
```

一条语句就完成了变量 a 的累加功能，如果 a 初始值为 1，那么 ++a 执行后，a 的值为 2。这条语句对应的汇编语言指令至少需要 3 条，即首先从内存地址加载 a 的初始值到一个寄存器，然后进行这个寄存器和常数 1 的加法操作，最后把结果写回内存地址。这个过程可用如下龙芯汇编指令表示：

```
load  r3,  [addr]     // 从内存地址 addr 加载值到寄存器 r3
add   r4,  r3, 1      // 加法计算 r3+1，将结果写到寄存器 r4
store r4,  [addr]     // 把寄存器 r4 的值写回内存地址 addr
```

对比后不难发现，C 语言比汇编语言更直观，更方便程序员编程。而且同样功能的高级语言程序只需要编写一次，对应不同体系架构平台的机器语言可由对应的编译器生成。

高级语言设计思想发展的主旨是更便于程序员快速编程。编程思想经历了面向过程（将一个功能块定义为一个函数 / 方法，以 C 语言为代表）、面向对象（把相关的数据、函数 / 方法组织为一个整体来管理，以 Java 语言为代表）、面向函数（即高阶函数的出现，很多语言都在“拥抱”高阶函数，如 Java、Groovy、Scala、JavaScript 等）等。未来还可能有面向应用的设计思想转变，也就是说：只需要告诉程序你要干什么，程序就能自动生成算法，自动进行处理。高级语言设计思想的不断进化，让计算机语言越来越接近人类语言，也更智能，编程效率也越来越高，使得程序员可把更多时间花费在解决复杂业务场景上。

1.2 汇编语言的使用场景

很多使用高级语言编程的人员从业之初甚至从业多年都会有这样的疑问：现在大多数应用程序都是使用高级语言进行编程，学习汇编语言有什么用处？下面列举几个汇编语言的使用场景。

1.2.1 场景 1——快速定位问题和分析问题

举一个不太“烧脑”的小例子：浮点数例外。多数程序开发者在工作中都会遇到异常信号 SIGFPE，当程序执行除法运算语句时，如果被除数为 0，那么系统就会毫不留情地发送给你一个信号 SIGFPE（中文或许显示“浮点数例外”）。这样一个异常的 C 语言代码如下：

```
int test(int a, int b) {
    return a/b;
}
```

当我们调用函数 test 时，故意给参数 b 传入 0，那么就会收到“浮点数例外”。使用调试工具 GDB（GNU Debugger，Linux 系统下的调试工具）在龙芯平台上调试这段代码时，可以获取如下信息：

```
Program received signal SIGFPE, Arithmetic exception.
0x00000001200006ec in test ()
(gdb) bt
#0  0x00000001200006ec in test ()
#1  0x0000000120000734 in main ()
```

这里 GDB 已经列出了函数调用栈，即函数 main 调用了函数 test，在执行函数 test 中地址为 0x00000001200006ec 处的指令时，触发异常 SIGFPE。那么 0x00000001200006ec 处的指令是什么呢？我们可以使用 GDB 进一步确认。

```
(gdb) x/5i $pc-12
  0x1200006e0 <test+40>:   ld.w   $r12,$r22,-24(0xfe8)
  0x1200006e4 <test+44>:   div.w  $r14,$r13,$r12
  0x1200006e8 <test+48>:   bne    $r12,$r0,8(0x8) # 0x1200006f0 <test+56>
=> 0x1200006ec <test+52>:  break  0x7
  0x1200006f0 <test+56>:   move   $r12,$r14
```

其中 => 标识了当前 PC（Program Counter,PC 用来存放当前欲执行指令的地址）位置，即当前程序停在的位置。上面的汇编指令 div.w $r14,$r13,$r12 为除法指令，实现用寄存器 $r13 除以 $r12，将结果写入 $r14 。汇编指令 bne $r12,$r0,8(0x8) # 0x1200006f0 是条件跳转指令，判断被除数 $r12 是否等于 0（寄存器 $r0 为特殊寄存器，其值永远为 0），如果不相等则跳转到地址 0x1200006f0 处继续执行，否则就不跳转，执行接下来的汇编指令 break 0x7。break 指令将无条件触发断点例外，其参数 0x7 对应 SIGFPE。至此，我们就知道了当前程序异常是由除法指令中的被除数为 0 引起的，对应的 C 语言代码就是 return a/b;，语句中的 b 为 0。

其实对大型软件的异常问题定位，基本都是这个思路。不过好在很多大型软件都会内置一套完整的异常处理机制，在异常发生时，可自动收集异常原因、异常进程、异常位置、栈回溯等信息，比如 Java 虚拟机中提供的捕获异常、Android 系统中的 tombstone。尽管如此，我们还是有可能遇到异常处理机制无法捕获的异常（漏网之鱼），这时掌握一些调试工具的使用方法和汇编语言的知识是很有必要的。

对于 GDB 工具的使用，在后面章节还会有更详细的介绍。

1.2.2 场景 2——性能分析和优化

了解计算机体系架构和汇编语言有助于我们深入分析软件性能瓶颈。虽然编译器已经做了大部分的性能优化工作，比如 C/C++ 语言的编译器 GCC（GNU Compiler Collection，GNU 编译器组件）编译时使用 -O3 比 -O1 可以带来更进一步的性能优化；支持 Java 虚拟机根据函数大小及函数被使用的次数来动态调整优化策略。但是在特定场景中，这些还是不够用，比如游戏引擎、音视频的编解码等领域，会经常遇到和算法相关的大数据量数学运算。这时如果我们会使用汇编语言，就可以更进一步做针对特定处理器的优化工作。比如多数处理器中都实现了单指令流多数据流（Single-Instruction stream Multiple-Data stream, SIMD）功能的汇编指令，亦称为向量指令，其可实现一条指令操作多组数据。龙芯架构 LoongArch 中也实现了 SIMD，包括向量扩展（Loongson SIMD Extension，LSX）和高级向量扩展（Loongson Advanced SIMD Extension，LASX），其中 LSX 为 128 位向量位宽，LASX 为 256 位向量位宽。

举一个使用龙芯 LASX 实现程序优化的小例子。下面的代码（使用 C 语言实现）实现 a 数组与 b 数组中的各项数据相加，将结果写入 c 数组的加法运算。这里假设数组类型为整型 int（32 位），循环长度为 10000。

```
for(int i = 0; i < 10000; i++)
  c[i] = a[i] + b[i];
```

使用 GCC 编译后，生成的最终可供 CPU 执行的指令如下：

```
//LoongArch 汇编指令
L:
ld.w   t1, a1, 0          # 加载数组 a[i] 值到寄存器 t1
add.w  t3,  t1, t2        # 实现 a[i]+b[i]，将结果存入寄存器 t3
st.w   t3,  t4, 0         # t3 数据写回 c[i]
addi.d a1,  a1, 4         # 数组 a[] 累加 4，即指向 a[i+1]
addi.d a1,  a2, 4         # 数组 b[] 累加 4
addi.d t4,  t4, 4         # 数组 c[] 累加 4

bne   a5, a6, L           # 判断若 for() 没有结束，跳转到 L，继续执行
```

上面这段指令实现了循环操作 c[i] = a[i] + b[i]，相关指令格式在后面章节还会有详细介绍。在这里可以看出要实现两个长度为 10000 的整型数组加法运算，CPU 要循环执行 10000 次，每次循环要执行 8 条指令，那么完成整个功能要执行 80000 条指令。

同样的功能，用龙芯 LASX 指令实现如下：

```
//LoongArch 汇编指令
L:
xvld     x1, a1, 0          # 加载数组 a[] 中的 8 组整型值到向量寄存器 x1
xvld     x2, a2, 0          # 加载数组 b[] 中的 8 组整型值到向量寄存器 x2
xvadd.w  x3, x1, x2         # a[i…i+8]+b[i…i+8]，将结果存入向量寄存器 x3
xvst     x3, t4, 0          # 把 x3 数据写回数组 c[i…i+8]
addi.d   a1, a1, 32         # 数组 a[] 地址累加 32，即指向 a[i+9]
addi.d   a1, a2, 32         # 数组 b[] 地址累加 32
addi.d   t4, t4, 32         # 数组 c[] 地址累加 32
bne      a5, a6, L          # 判断若 for() 没有结束，跳转到 L，继续执行
```

龙芯 LASX 指令是 256 位宽（即向量寄存器的长度），故循环一次可以完成 8 组整型值（8×32 位）的加法运算。循环一次也是执行 8 条指令，但总的循环次数仅为 1250 次（10000/8），那么完成整个功能执行 10000（1250×8）条指令即可，在理论上是 GCC 编译器生成的普通指令执行性能的 8 倍。在本书的第 10 章将专门介绍和指令架构相关的性能优化基本思路和方法。

1.2.3 场景 3——完成高级语言无法实现的功能

在一些基础软件的源代码中，比如数据库、GCC 编译器、OpenJDK 等，我们能频繁看到汇编语言的身影。因为它们作为应用软件的支撑或工具，相对于应用软件在运行逻辑上更靠近 CPU，也

就更可能出现和计算机体系架构相关的功能要求。例如，GCC 编译器负责将 C/C++ 语言翻译成和计算机体系架构相关的汇编语言；Java 语言开发者熟知的 OpenJDK 负责 Java 语言到机器指令的动态翻译和执行。这方面的软件从业者就不仅要熟知某种高级语言，还要熟知特定处理器支持的汇编语言。

例如有这样一个问题：在 C 语言中如何获取程序运行的当前 PC 值？不同架构有不同的方式，在龙芯平台上可以通过如下内嵌汇编来实现。

```
static long * get_PC(void)  {
    unsigned long *val;
    __asm__ volatile ("move %0, $r1" : "=r"(val));
    return val;
 }
```

这里 __asm__ 是内嵌汇编指令，用来实现汇编语言和 C 语言的混合编程（后面会有专门章节来详细介绍其语法规范）。这里只需关注核心汇编指令 move %0, $r1 。在龙芯架构寄存器使用约定里，寄存器 $r1 存放了函数的返回地址，%0 代表 val，所以 move %0, $r1 就完成了把当前函数的返回地址存到变量 val 中。而当前函数的返回地址就是调用该函数时的 PC，所以你就可以通过调用这个函数来获取当前位置的 PC。

汇编语言也是编写嵌入式设备上程序的理想工具。和通用计算机处理器相比，嵌入式设备（比如电话、打印机、门禁设备等）的典型特征是没有大容量内存，这就要求其上的程序尽量短小。如果使用高级语言编写，经过编译器翻译后的机器指令可能会有一些冗余，例如大量的函数调用开销、动态库加载（尽管程序中仅用了某个动态库的几个函数）等。如果直接使用汇编语言进行针对性的编写，那么内存占用肯定最少，因此汇编语言特别适合编写嵌入式程序。后面章节会专门介绍如何编写一个脱离 libc 库的程序示例。

1.3 龙芯系列处理器和龙芯架构介绍

1.3.1 龙芯系列处理器

龙芯中科技术股份有限公司（简称龙芯中科）从成立至今共开发了龙芯 1 号系列、龙芯 2 号系列、龙芯 3 号系列处理器及桥片等配套芯片。龙芯 1 号系列为低功耗、低成本专用嵌入式 SoC 或 MCU 处理器，通常集成 1 个 32 位低功耗处理器核，应用场景面向嵌入式专用应用领域，如物联终端、仪器设备、数据采集等；龙芯 2 号系列为低功耗通用处理器，采用单芯片 SoC 设计，通常集成 1~4 个 64 位低功耗处理器核，应用场景面向工业控制与终端等领域，如网络设备、行业终端、智能制造等；龙芯 3 号系列为高性能通用处理器，通常集成 4 个及以上 64 位高性能处理器核，与桥片配套使用，应用场景面向桌面和服务器等信息化领域。

龙芯 3A5000/3B5000 是面向个人计算机、服务器等信息化领域的通用处理器，基于龙芯自主指令系统（LoongArch）的LA464微结构，并进一步提升频率，降低功耗，优化性能。在与龙芯3A4000处理器保持引脚兼容的基础上，频率提升至2.5GHz，功耗降低30%以上，性能提升50%以上。龙芯3B5000在龙芯3A5000的基础上支持多路互连。龙芯3C5000是龙芯中科面向服务器领域的通用处理器，片上集成16个高性能LA464处理器核。表1-1中列举了龙芯3A5000/3B5000的关键产品参数。

表1-1 龙芯3A5000/3B5000的关键产品参数

产品参数	简要说明
主频	2.3GHz ~ 2.5GHz
核心个数	4
峰值运算速度	160GFlops
处理器核	支持LoongArch指令系统；支持128/256位向量指令；四发射乱序执行；4个定点单元、2个向量单元和2个访存单元
高速缓存	每个处理器核包含64KB私有一级指令缓存和64KB私有一级数据缓存；每个处理器核包含256KB私有二级缓存；所有处理器核共享16MB三级缓存
内存控制器	2个72位DDR4-3200控制器；支持ECC校验
高速I/O	2个HyperTransport3.0控制器；支持多处理器数据一致性互连（CC-NUMA）
其他I/O	1个SPI、1个UART、2个I2C、16个GPIO接口
功耗管理	支持主要模块时钟动态关闭；支持主要时钟域动态变频；支持主电压域动态调压
典型功耗	35W@2.5GHz

1.3.2 龙芯自主指令系统

2021年，龙芯中科基于20年的CPU研制和生态建设积累，正式对外发布了龙芯自主指令系统（LoongArch）。指令系统由龙芯基础指令系统（Loongson Base）、二进制翻译扩展（Loongson Binary Translation, LBT）、虚拟化扩展（Loongson Virtualization, LVZ）、向量扩展和高级向量扩展共5部分组成，近2000条指令，它们之间的关系如图1-3所示。

龙芯基础指令系统定义了常用的整数和浮点数指令，用于支持原有各主流编译系统生成高效的目标代码。LVZ部分的指令集用于为操作系统虚拟化提供硬件加速以提升性能。LBT部分的指令集用于提升跨指令系统二进制翻译在龙芯架构平台上的执行效率。LSX和LASX两部分均用于加速计算密集型应用，区别在于LSX操作的向量位宽为128位，而LASX操作的向量位宽为256位。

龙芯架构分为32位（称为LA32架构）和64位（称为LA64架构）两个版本，分别用于龙芯寄存器位宽是32位和64位的处理器上。LA64架构应用级向下二进制兼容LA32架构。即采用LA32架构的应用软件的二进制可以直接运行在LA64架构的机器上并能获得同样的运行结果。但

图 1-3 龙芯自主指令系统

在兼容 LA32 架构的机器上运行的系统软件（例如操作系统内核）的二进制直接在兼容 LA64 架构的机器上运行时，并不能保证总能获得相同的运行结果。

龙芯指令系统从整个架构的顶层规划，到各部分的功能定义，再到细节上每条指令的编码、名称、含义，在架构上进行自主重新设计，具有充分的自主性。同时，龙芯指令系统摒弃了传统指令系统中部分不适应当前软硬件设计技术发展趋势的陈旧内容，吸纳了近年来指令系统设计领域诸多先进的技术发展成果。同原有兼容指令系统相比，不仅在硬件方面更易于高性能低功耗设计，而且在软件方面更易于编译优化和操作系统、虚拟机的开发。

本书介绍了龙芯基础指令集，包括指令类型、指令使用方法、指令使用场景等。书中常出现的 LoongArch 也特指龙芯基础指令集。

1.4 龙芯汇编语言程序编写示例

和 C 语言类似，汇编程序也是以函数（也称为方法）为单位编写，函数可以有输入参数或者输出参数。汇编程序所在文件称为汇编源文件（扩展名为 .S）。编写后的汇编源文件使用 GCC 编译器进行编译链接，和其他 C 语言文件形成最终可执行的二进制文件（即内部已是机器指令）。龙芯汇编源文件的编写、编译、执行全过程的示例如下：

```
# 文件 add.S
# 接口定义 int add_f (int a, int b, int c, int d)
# 功能定义: return (a+b+c+d)


    .text
```

```
    .align   2
    .globl   add_f
    .type    add_f,@function
add_f:
    add.w    $a0,$a0,$a1
    add.w    $a0,$a0,$a2
    add.w    $a0,$a0,$a3
    jr         $ra
    .size    add_f, .-add_f
```

add.S 源文件里实现了一个 add_f 函数，其功能为实现 4 个 32 位整型数据（分别为寄存器 a0、a1、a2 和 a3）的加法操作，并将结果返回（使用寄存器 a0 作为返回值）。汇编指令“jr $r1”意为函数返回。

接下来 C 语言文件 test.c 对这个汇编源文件中的汇编程序进行调用。

```
#include <stdio.h>
extern int add_f(int a, int b, int c, int d); // 外部函数引用
int main(){
  int ret = add_f(1, 2, 3, 4); // 调用 add.S 中的汇编函数 add_f
  printf("ret = %d\n", ret); // 输出结果
  return 0;
}
```

C 语言文件 test.c 对汇编程序的调用与对其他 C 语言外部函数的调用方式是一致的，使用前通过关键字 extern 声明即可。

下面通过 GCC 编译器将汇编源文件 add.S 和 C 语言文件 test.c 编译成最终可执行文件 test_add。

```
$ gcc test.c add.S -o test_add
```

最后我们可以运行这个可执行文件 test_add 并查看结果，结果显示为 10（1+2+3+4），说明汇编源程序编写和执行正确。

```
$ ./a.out
ret = 10
```

可见，编写汇编语言程序还是还挺简单的。龙芯汇编源程序更详细的语法和编写方式会在后续章节中详细介绍。

1.5 本章小结

本章首先介绍了什么是机器语言、汇编语言、高级语言，以及三者之间的关系。概括来说处理器能识别的只有机器语言，汇编语言是对机器语言的等价封装，而高级语言是从工程角度出发设计的语言，目的是让开发者更高效地编程。接下来介绍了对非系统基础软件研发人员而言，汇编语言的可能使用场景。最后简单介绍了龙芯系列处理器和龙芯自主指令系统 LoongArch 的组成。

1.6 习题

1. 请分别列举 Java、C、C++、GO、C# 等语言的特点及使用领域。
2. 简述 C 语言、汇编语言和机器语言的关系。
3. 汇编语言可移植吗？请简述理由。
4. 龙芯自主指令系统由几部分组成？请一一列举。
5. 查看龙芯架构参考手册，解释如下机器指令的含义。

   0000 0000 0001 0001 1101 1111 0011 1001

第 02 章

一窥 LoongArch 指令风貌

龙芯基础指令集 LoongArch 是一种精简指令集计算机（Reduced Instruction Set Computer，RISC）风格的指令系统架构，具有 RISC 的典型特征。基于 RISC 风格的指令系统架构还有我们熟知的 ARM、RISC-V 等。

本章将介绍龙芯指令集的基本特性，并通过一个简单的例子来介绍 GCC 编译器如何把 C 语言编译成 LoongArch 汇编语言，以及编译后的 LoongArch 汇编语言的特性。

2.1 LoongArch 指令特性

龙芯基础指令集 LoongArch 是 RISC 风格的指令系统架构，具有 RISC 指令架构的典型特征。RISC 的核心思想就是简单化：指令功能简单，所以 CPU 执行完一条指令的周期短；抛弃变长指令编码格式，统一使用定长指令，CPU 译码较简单，符合“常用的做得快、少用的只要对”的原则；采用 Load-Store 结构，只有访存指令能够访问内存，其他指令的操作对象均是寄存器或立即数。精简的优势不仅有利于硬件的高效实现，还有利于通过流水线、多发射、乱序执行等技术来提高效率。这样的优势让非 RISC 架构的代表——x86 架构也不断趋于 RISC 风格，把比较复杂的指令预译码成很多简单的操作，以便更有效地使用流水等手段。典型的 RISC 指令系统架构还有 MIPS、ARM、SPARC、PowerPC、RISC-V 等。

本节将从指令组成和指令分类、寄存器、指令长度和编码格式等方面对龙芯基础指令集 LoongArch 做介绍。

2.1.1 指令组成和指令分类

第 01 章提到过计算机语言也有一套标准的语法规范，有了规范才得以让计算机理解我们的意图并遵照执行。计算机所能识别的语言是机器语言，其能识别的最小单位是指令。那么机器指令的语法规范是什么呢？一般来说，一条指令包含操作码和操作数。操作码定义了指令功能，例如加法功能、减法功能等。操作数定义了要完成指定功能所需要的对象，例如寄存器、常数、地址等。例如下面 3 条不同功能的龙芯汇编指令：

```
or       $r4,$r0,$r0                    # r4 = r0 | r0
addi.d   $r3,$r3,16(0x10)               # r3 = r3+16
jirl     $r0,$r1,0                      # jump to address(r1+0)
```

这里 or、addi.d 和 jirl 都是操作码，分别表示或运算、加法运算和跳转。其中加法指令“addi.d $r3,$r3,16(0x10)”中的 i 代表立即数（Immediate），即表示当前指令中有一个操作数是常数；.d 代表当前加法指令中的操作数是 64 位数据类型。

操作码后面的都为操作数。例如上面或运算指令“or $r4,$r0,$r0”中的操作数为寄存器 r4 和寄存器 r0。最终功能为将寄存器 r0 进行或运算，结果写到了寄存器 r4。上面的加法指令中，操作数分别是寄存器 r3 和立即数 16。

龙芯基础指令集包含约 300 条指令，按指令功能可分为运算指令、访存指令、转移指令和特殊指令四大类。运算指令用于实现加、减、乘、除、移位、逻辑与、逻辑或、逻辑非等运算功能，上面示例中的 or、addi.d 就属于运算指令。访存指令用于实现处理器从内存中读数据到寄存器或者从寄存器写数据到内存的操作。转移指令用于控制程序执行的流向，在机理上类似 C 语言中的 if-else、switch、goto 等语句，上面示例中的跳转指令 jirl 就属于转移指令。特殊指令用于操作系统的特殊用途，例如系统调用、获取处理器特性、触发断点例外等。本书第 03 章将按照指令功能分类来详细介绍龙芯基础指令集。

2.1.2 寄存器

可以说寄存器是处理器中最常用的存储单元，LoongArch 中全部指令的操作数除了立即数就是寄存器。现代指令系统都定义了一定数量的通用寄存器和浮点寄存器供编译器进行充分的指令调度。龙芯指令系统中定义了 32 个整数通用寄存器（General-purpose Register, GR）和 32 个浮点寄存器（Floating-point Register，FR），编号分别表示为 $r0 ~ $r31 和 $f0 ~ $f31，如图 2-1 和图 2-2 所示。

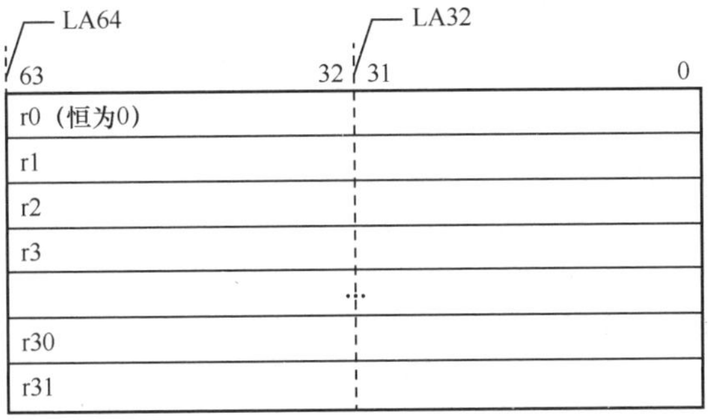

图 2-1　整数通用寄存器

从图 2-1 中可以看出，LA32 架构下通用寄存器的位宽为 32 位，LA64 架构下通用寄存器的位宽为 64 位。在指令集上，可以把 LA32 看作 LA64 的子集。例如加法指令，在 LA32 架构下仅有 32 位加法指令，而在 LA64 架构下既有 32 位加法指令又有 64 位加法指令的实现，如下两条指令就分别实现了 64 位数的加法指令和 32 位数的加法指令。

```
add.d r8, r1, r2          #64 位加法运算指令，仅适用于 LA64
add.w r8, r1, r2          #32 位加法运算指令，在 LA32 和 LA64 架构下都适用
```

在 LA64 架构下的 32 位加法指令“add.w r8, r1, r2”中，虽然寄存器 r1、r2 和 r8 都是 64 位，但是运算时，CPU 只取寄存器 r1 和 r2 的低 32 位，再将运算结果的低 32 位经过符号扩展到 64 位后写入寄存器 r8 中。而对于 "add.d r8, r1, r2"，参与运算的是寄存器 r1 和 r2 的全 64 位，结果直接写回寄存器 r8。

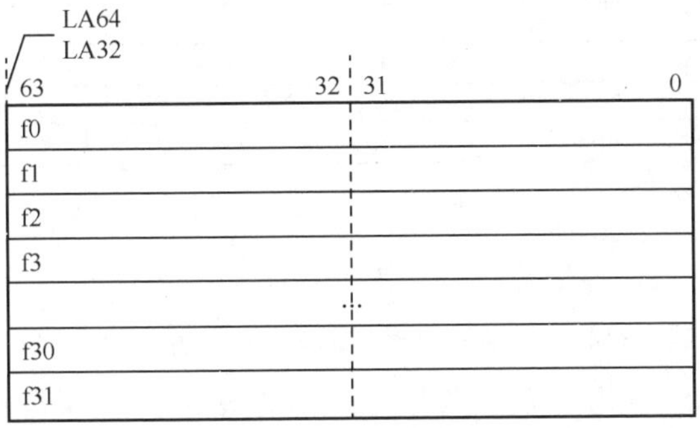

图 2-2　浮点寄存器

从图 2-2 中可以发现浮点寄存器和整数通用寄存器不同，无论是在 LA32 架构还是在 LA64 架构下，浮点寄存器的位宽都为 64 位。仅当指令中操作单精度浮点数和字整数（32 位整型）时，浮点寄存器的位宽为 32 位，即数据只在浮点寄存器的 [31:0] 位上，而浮点寄存器的 [63:32] 位上是无效值。在龙芯基础指令集中，可以从浮点数指令的指令名中明确区分出数据类型。例如下面两条浮点数加法指令，指令名中的 .s 代表这是一条单精度浮点数加法指令，.d 则代表这是一条双精度浮点数加法指令。

```
fadd.s f3, f1, f2 # 单精度浮点数（32 位）的加法运算 f3[31:0] = f1[31:0] + f2[31:0]
fadd.d f3, f1, f2 # 双精度浮点数（64 位）的加法运算 f3 = f1 + f2
```

与浮点数指令编程相关的还有两类寄存器：条件标志寄存器（Condition Flag Register，CFR) 和浮点控制状态寄存器（Float-point Control and Status Register，FCSR），分别用于存放浮点比较的结果和存放浮点运算非法操作、除零、溢出等异常状态。在第 04 章中，会详细介绍这两类寄存器的使用。

2.1.3 指令长度和编码格式

RISC 指令架构的典型特征之一是指令定长。龙芯基础指令集中每条指令都是固定的 32 位指令编码长度。指令编码指的是操作码和操作数在 32 位长度的指令中的摆放方式和占位比例。图 2-3 列举了龙芯架构 9 种典型的编码格式。

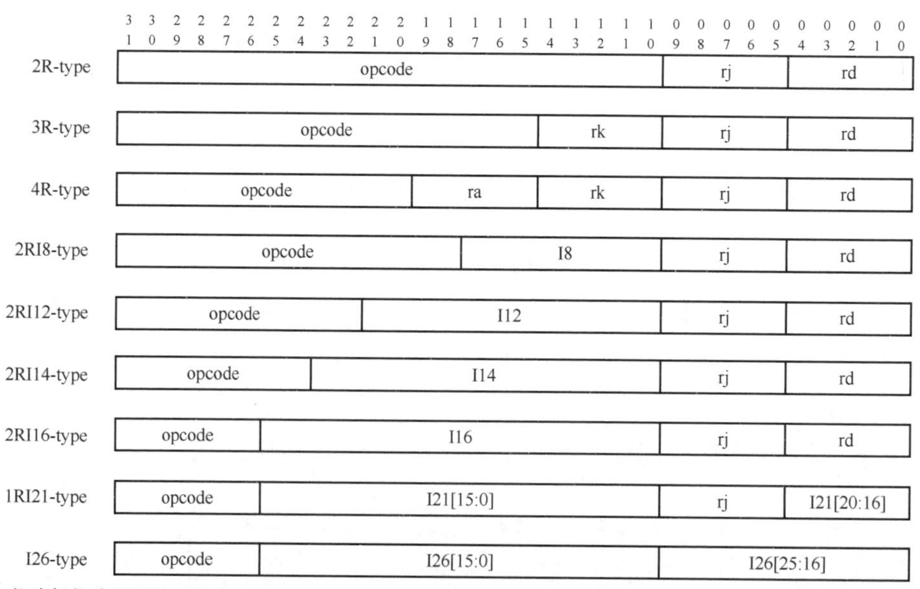

图 2-3 龙芯架构典型的编码格式

从图 2-3 可以看出，龙芯架构指令编码风格是操作码（opcode）在高位，目的操作数（rd）在低位，而其他源操作数或立即数位于中间位置。操作码根据编码格式不同，其所占位数不同。例如，有两个操作数（2R-type）编码格式使用 22 位表示操作码，有 3 个操作数（3R-type）编码格式使用 17 位表示操作码。寄存器都是占用 5 位来编码（图 2-3 中的 ra、rk、rj）。常数占位分别有 12 位（I12）、14 位（I14）、16 位（I16）、21 位（I21）和 26 位（I26）。

需要指出的是，图 2-3 中并没有列出龙芯架构的全部编码格式，还有少数指令的编码格式和这 9 种典型指令编码格式不同，这些指令数目不多且变化幅度也不大，不会给开发人员带来什么不便。比如有部分指令仅有 1 个操作数，例如系统调用指令“syscall code”、中断指令“break code”等都为 1 个操作数。在应用级基础整数指令中，非三操作数的指令一共不到 10 个。而且在龙芯指令集中，大部分指令为 3 个操作数（如 3R-type、2RI8-type、2RI12-type 等），极少数的指令为 2 个操作数（2R-type、I26-type）或者 4 个操作数（4R-type）。

每条指令都有唯一的操作码值，图 2-4 列举了部分龙芯基础指令集中一部分指令的操作码值及指令编码规则，其他指令对应的码值可以查看龙芯架构参考手册中最后的指令码表部分。

		31–22	21–10	9–5	4–0
FFINT.S.W	fd, fj	0000000100	011101000100	fj	fd
FFINT.S.L	fd, fj	0000000100	011101000110	fj	fd
FFINT.D.W	fd, fj	0000000100	011101001000	fj	fd
FFINT.D.L	fd, fj	0000000100	011101001010	fj	fd
FRINT.S	fd, fj	0000000100	011110010001	fj	fd
FRINT.D	fd, fj	0000000100	011110010010	fj	fd
SLTI	rd, rj, si12	0000001000	si12	rj	rd
SLTUI	rd, rj, si12	0000001001	si12	rj	rd
ADDI.W	rd, rj, si12	0000001010	si12	rj	rd
ADDI.D	rd, rj, si12	0000001011	si12	rj	rd

图 2-4　龙芯指令集中部分指令码

以图 2-4 中指令 ADDI.D 为例，其操作码固定为 0b0000001011。对汇编指令“addi.d $r3,$r3,-16(0xff0)”进行机器指令编码的二进制结果为

```
0b0000001011 000000010000 00011 00011
```

这个二进制结果对应的十六进制为 0x02c04063。

2.1.4 指令汇编助记格式

好的指令汇编助记格式有助于开发人员理解汇编语言的含义和高效开发。龙芯指令汇编助记格式主要包括指令名和操作数两部分。

指令名由“指令名前缀 + 指令名 + 指令名后缀”3 部分组成，通过指令名前缀来区分向量指令、整数指令和浮点数指令。具体来说，128 位向量指令的指令名以字母“V”开头，256 位向量指令的指令名以字母“XV”开头，浮点数指令以“F”开头，其余没有特别标识的为普通整数指令。指令名的定义和其他架构指令集类似，采用能表达指令功能的英文单词或英文单词缩写，例如“add”代表加法指令，“sub”代表减法指令等。指令名后缀用来区分指令操作对象的类型。对于操作数

是整数类型的，指令名后缀有 .B、.H、.W、.D、.BU、.HU、.WU、.DU，分别表示该指令操作的数据类型是字节、半字、字、双字、无符号字节、无符号半字、无符号字、无符号双字；对于操作数是浮点数类型的，其指令名后缀有 .S、.D，分别表示该指令操作的数据类型是单精度浮点数、双精度浮点数。

寄存器操作数的助记格式比较简单，以“rN”来标记通用寄存器，以“fN”来标记浮点寄存器，以“vN”来标记向量寄存器，以“xN”来标记扩展向量寄存器。其中 *N* 是某个数字，表示操作的是第 *N*+1 号寄存器。LoongArch 的通用寄存器、浮点寄存器、向量寄存器各 32 个，故寄存器操作数分别可表示为 r0 ~ r31、f0 ~ f31、v0 ~ v31、x0 ~ x31。例如 r3 代表整数通用寄存器集中的第 4 号寄存器。

有了规范的指令汇编助记格式，相信读者可以很容易读懂下面几条汇编指令的含义。

```
add.w    r8, r1, r2          # 32 位整数加法运算
fadd.s   f8, f1, f2          # 单精度浮点数加法运算
vadd.b   v8, v1, v2          # 128 位向量整数加法运算，数据类型为字节
xvadd.b x8, x1, x2           # 256 位向量整数加法运算，数据类型为字节
```

在龙芯自主指令集 LoongArch 中，有立即数的指令命名规则采用“指令名 +i”的格式。例如下面的指令：

```
addi.w r8, r1, 16    # 32 位整数加法运算
```

【备注】龙芯自主指令集 LoongArch 对指令名的大小写不做区分，即 add.w 和 ADD.W 都是合法且能被识别的。不过建议使用小写。

2.1.5 符号扩展

在龙芯指令集中，所有计算指令中的立即数都需要先进行符号扩展或者无符号扩展（也称零扩展），再参与计算。扩展分为 32 位符号扩展、32 位无符号扩展、64 位符号扩展和 64 位无符号扩展。32 位符号扩展的结果就是将 *n*（*n* 小于 32）位立即数的高 32-*n* 位填充为立即数的最高位，32 位无符号扩展的结果就是将 *n* 位立即数的高 32-*n* 位填充为 0。64 位符号扩展的结果就是将 *n*（*n* 小于 64）位立即数的高 64-*n* 位填充为立即数的最高位，64 位无符号扩展的结果就是将 *n* 位立即数的高 64-*n* 位填充为 0。在 LA32 架构下，一般是将立即数扩展为 32 位。在 LA64 架构下，一般是将 *n* 位立即数扩展为 32 位或者 64 位。表 2-1 中列举了两个不同的 16 位立即数 0x8000 和 0x1000 分别进行符号扩展和零扩展至 32 位、64 位的结果。

表 2-1 符号扩展示例

16 位立即数	0x8000	0x1000
符号扩展至 32 位	0xFFFF8000	0x00001000
零扩展至 32 位	0x00008000	0x00001000
符号扩展至 64 位	0xFFFFFFFFFFFF8000	0x0000000000001000
零扩展至 64 位	0x0000000000008000	0x0000000000001000

例如龙芯基础指令集的 32 位加法指令“addi.w rd, rj, si12”，需要将立即数 si12（12 位有符号立即数）进行符号扩展到 32 位后再和 rj 进行加法计算。64 位加法指令“addi.d rd, rj, si12”，需要将立即数 si12 进行符号扩展到 64 位后再和 rj 进行加法计算。逻辑与运算指令“andi rd, rj, ui12”，在 LA32 架构下将立即数 ui12（12 位无符号立即数）进行零扩展至 32 位后，再进行逻辑与运算；在 LA64 架构下将立即数 ui12 进行零扩展至 64 位后，再进行逻辑与运算。

在 LA64 架构下的 32 位操作数计算指令中，计算结果通常也需要先进行 64 位符号扩展再写入目的寄存器。例如在 LA64 架构下执行 32 位加法指令“addi.w rd, rj, si12”，运算过程是将立即数 si12 进行符号扩展至 32 位后，再和寄存器的 rj 的低 32 位进行加法运算，将运算结果的低 32 位进行符号扩展至 64 位后再写入目的寄存器 rd。

2.1.6 寻址方式

寻址方式指的是如何使用指令中的操作数来表示指令要访问的地址。根据指令中操作数的不同格式，LoongArch 指令系统支持下面 5 种寻址方式：寄存器寻址、立即数寻址、基址 + 立即数偏移寻址、基址 + 寄存器偏移寻址和相对寻址。其格式和含义如表 2-2 所示，其中符号 # 代表立即数，数组 regs[ ] 表示寄存器，数组 mem[ ] 表示存储器。

表 2-2 LoongArch 指令系统支持的寻址方式

寻址方式	指令示例	格式说明
寄存器寻址	ADD R1, R1, R2	regs[R1] = regs[R1] + regs[R2]
立即数寻址	ADD R1, R1, #2	regs[R1] = regs[R1] + 2
基址 + 立即数偏移寻址	LD R1, R2, #100	regs[R1] = mem[regs[R2] +100]
基址 + 寄存器偏移寻址	LD R1, R2, R3	regs[R1] = mem[reg[R2] + regs[R3]]
相对寻址	BL #100	PC = mem[PC + 100]

寄存器寻址是操作数在寄存器中，格式“ADD R1, R1, R2”表示将寄存器 R1 中的值和寄存器 R2 中的值进行加法运算，结果写回寄存器 R1。寄存器寻址方式遍布 LoongArch 指令集的各类指令，例如算术运算指令（加法、减法、乘法、除法）、逻辑运算指令、移位运算指令、位操作指令等。

立即数寻址是操作数本身在指令中给出，处理器取出指令也就取到了操作数，格式“ADD R1, R1, #2”表示将寄存器 R1 中的值和立即数 2 进行加法运算，结果写回寄存器 R1。在 LoongArch 指令集中的加法指令，逻辑运算中的与、或、异或指令，移位运算中的左移、右移等指令中，都有对立即数寻址方式的支持。但由于指令长度是固定的（LoongArch 中指令长度为 32 位），故指令中对立即数的大小（或者说长度）会有限制，一般为 12 位。

基址 + 立即数偏移寻址是指令中的寄存器存放的是操作数的地址基址（可表示为 base_reg），指令中的立即数存放的是操作数的地址偏移（可表示为 offset_imm），最终要访问的操作数所在内存地址为基址 + 立即数偏移（base_reg+offset_imm）。指令示例“LD R1, R2, #100”表示从指定内存地址获取一个数据到寄存器 R1 中，这个指定内存地址的计算方式是 R2 与立即数

100 的和。

基址 + 寄存器偏移寻址是操作数的地址基址（可表示为 base_reg）和地址偏移（可表示为 offset_reg）分别存放在两个寄存器中，最终要访问的操作数所在内存地址为基址 + 寄存器偏移（base_reg+offset_reg）。指令示例“LD R1, R2, R3”表示从指定内存地址获取一个数据到寄存器 R1 中，这个指定内存地址的计算方式是寄存器 R2 与寄存器 R3 的和。LoongArch 指令集中的访存指令囊括了基址 + 立即数偏移寻址和基址 + 寄存器偏移寻址方式。

相对寻址与基址 + 立即数偏移寻址方式类似，区别在于相对寻址是以程序计数器 PC 的当前值为基址，指令中的立即数为偏移量，两者相加后得到操作数的有效地址。指令示例“BL #100”表示跳转到一个指定内存地址，这个指令内存地址的计算方式为 PC+100。相对寻址用在 LoongArch 指令集中的分支指令和有条件 / 无条件跳转指令中。

2.2 C 语言到 LoongArch 的编译过程

GCC 原名为 GNU C 语言编译器（GNU C Compiler），最初功能就是把 C 语言的源程序翻译成特定架构处理器可识别和执行的目标文件（内含特定架构的机器指令）。随着程序设计语言的不断丰富，现在的 GCC 除了 C 语言外，开始不断支持 C++、Objective-C、Fortran、Java、Ada、Go 等语言，名字改为 GNU 编译器组件（GNU Compiler Collection）。无论哪种语言，其编译原理和流程有一定的相似性。基本流程都包括词法分析、语法分析、语义分析、中间代码生成、汇编指令生成、目标机器指令生成、链接等阶段。目前 GCC 编译器对主流的架构，例如 x86、ARM、PowerPC、RISC-V、s390、MIPS、LoongArch 等都有支持。如果读者所用计算机是基于龙芯 5000 系列处理器的，那么系统内置 GCC 编译器。如果读者所用的是非龙芯架构计算机，那么需要从龙芯官网自行下载 LoongArch 架构的 GCC 交叉编译器。

了解 GCC 编译的基本流程，有助于我们加深对高级语言到机器指令的转变过程的理解。下面通过编译一个 C 语言示例来介绍 GCC 在龙芯平台下的工作流程。

首先我们编写一个简单的 C 语言程序，功能为向终端输出一句话，文件名称为 hello.c，其内容如下：

```
/* this is my test file */
  #include <stdio.h>
  #define STR "Hello World!"

  int main(){
     printf("%s \n", STR);
     return 0;
  }
```

程序编写完成后，通过 GCC 工具来编译文件 hello.c，执行的命令如下：

```
$ gcc  -v --save-temps hello.c -o hello
gcc 版本 4.9.4 20160726 (Red Hat 4.9.4-14) (GCC)
   cc1 -E -quiet -v hello.c -o hello.i
   cc1 -fpreprocessed hello.i  -o hello.s
   as -v -EL-o hello.o hello.s
   collect2  -o hello  crt1.o crti.o crtbegin.o hello.o crtend.o crtn.o
```

【备注】为了便于接下来的分析，在这里对输出的信息做了一些删减和整理。

gcc 命令的基本格式如下：

```
gcc [options] file...
```

我们可以通过最简单的命令“gcc hello.c”，把 hello.c 里面的 C 语言翻译成文件名为 a.out 的目标文件。但是为了查看编译的基本过程和编译过程产生的一些中间文件，这里的示例增加了额外的参数，具体如下。

- -v：显示编译器具体的编译过程。
- --save-temps：不删除中间文件，即保留编译过程生成的临时中间文件。本示例命令完成后，会在当前目录下产生文件名为 hello.i、hello.s、hello.o 的 3 个中间文件。
- -o <file>：指定最终生成的目标文件名称，当不指定此参数时目标文件名称默认为 a.out。例如 -o hello 表示指定最终文件名称为 hello。

从上面的输出信息可以清晰地看出，GCC 编译过程中涉及 3 个工具：cc1、as 和 collect2。cc1 是第 01 章提到的编译器，负责对高级语言源文件（hello.c 等）进行预处理，产生第一个中间文件（hello.i）；然后 cc1 再对预处理文件进行翻译，生成汇编源文件（hello.s）。as 是汇编器，负责对汇编源文件进行翻译处理，生成包含机器指令的目标文件（hello.o）。collect2 是链接器，负责将多个目标文件（*.o）组合生成最终可在特定指令架构计算机上运行的目标文件（hello）。图 2-5 直观描述了这一过程。

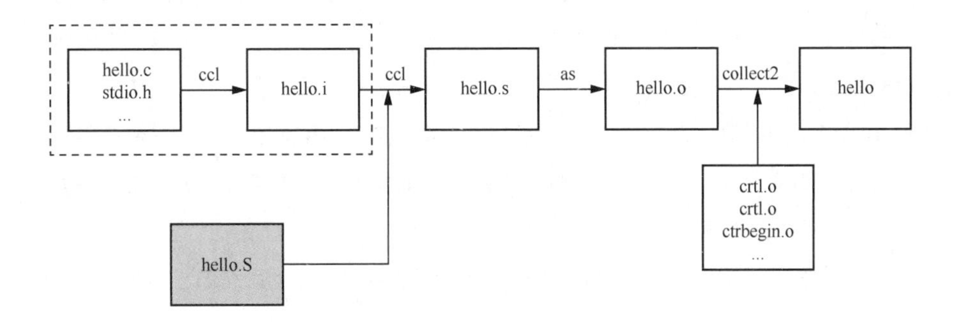

图 2-5 GCC 编译过程

下面将根据使用工具的不同，把 GCC 编译过程简单分为 3 个阶段进行更细致的介绍。

2.2.1 预处理和编译阶段

编译的目的是把 C 语言源程序编译成和计算机体系架构相关的汇编语言，使用的工具是 cc1，其内部分成预处理和编译两个阶段。

预处理阶段主要是对各种预处理命令（例如源文件 hello.c 中以 # 开头的语句）进行处理，包括头文件包含、宏定义扩展、条件编译的选择等，最终产生供下一阶段使用的 .i 文件。预处理的主要规则如下。

（1）处理所有以 # 开头的语句。例如遇到 #if 、#else、#endif 宏判断语句后就保存条件成立的部分，将其他删除；遇到 #define 宏定义语句就对其后面的内容进行扩展，之后删除 #define。所以在 hello.i 里面已经看不到源文件 hello.c 中的宏定义 STR，它已经被扩展到被使用的位置，故 printf 语句由之前的如下形式：

```
printf("%s \n", STR);
```

扩展成如下语句：

```
printf("%s\n","Hello World");
```

遇到 #include 语句后，将包含文件详细位置的信息插入该位置，然后删除此语句。例如示例中的“#include <stdio.h>”被扩展成：

```
"/usr/include/stdio.h"
```

（2）删除源文件中所有的注释（用符号 // 或 /*…*/ 标注的内容）。例如上面 hello.i 里面已经看不到 hello.c 中的注释信息 /* this is my test file */。

（3）为调试添加行号和文件名标识。例如在文件 hello.i 中会看到类似“# 1 "/usr/include/stdio.h" 1 3 4”的内容，用于编译阶段产生调试用的行号信息及产生错误或警告时显示行号。

编译阶段的功能是把预处理后的文件 hello.i 作为输入，再次使用 cc1 工具产生包含汇编代码的汇编源文件（hello.s）。编译阶段主要对文件 hello.i 中的内容进行语法分析、语义分析，以及汇编代码生成的工作。语法分析的主要任务是检查源程序是否符合程序设计语言的语法规则，比如源程序中括号是否匹配、语句是否以“;”结束等；语义分析的主要任务是类型检查，即确认每个运算符是否使用恰当，例如数组索引是否是不合法的小数、函数调用时参数类型是否不匹配、局部变量是否有重复定义的情况等；汇编代码生成的工作是将前面语法、语义分析后产生的中间表示翻译成计算机体系架构相关的汇编代码，并输出到 .s 文件。

还有一个贯穿在编译阶段的功能是代码优化。比如常见的优化手段有方法内联（Inlining）[1]、

1　方法内联是指编译器在编译过程中，会把该方法的代码副本放置在每个调用该方法的地方，以降低方法调用产生的性能开销。

循环展开（Unrolling）[1]、死代码消除（DeadCode Elimination）[2]等。GCC 编译器提供了 -O0（默认）、-O1、-O2、-O3 优化选项，数字越大，代码优化程度越高，但编译时间越长。

如果仅想查看源文件对应生成的汇编文件内容，编译过程也可以使用参数 -S 来完成，例如下面两条命令都是可以的。

```
$ gcc -S hello.s -o hello.s
$ gcc -S hello.c -o hello.s
```

因为 hello.s 文件类型就是普通的文本类型，所以我们可以使用普通的文本工具直接打开来查看里面的内容。上面 hello.s 文件信息大致如下：

```
.LC0:
     .ascii   "Hello World!\000"
.LC1:
     .ascii   "%s \n\000"
main:
     addi.d      $r3,$r3,-16
     la.local       $r5,.LC0
     la.local       $r4,.LC1
     bl          %plt(printf)
     or          $r4,$r0,$r0
     addi.d      $r3,$r3,16
     jr          $r1
```

其中“.LC0:”“.LC1:”“main:”都称为标签，可用于标识一段字符串区域起始位置或函数的入口地址。

“main:”标签后面共有 7 条汇编指令，是对源文件 hello.c 中的 main 函数的等价实现。其中指令“addi.d $r3,$r3,-16”“addi.d $r3,$r3,16”用于栈空间的申请和释放；指令“la.local $r5,.LC0”“la.local $r4,.LC1”分别用于加载函数 printf 所需要的 2 个参数；指令“bl %plt(printf)”实现对 printf 函数调用；指令“or $r4,$r0,$r0”“jr $r1”实现 main 函数返回值 0 的加载和函数的返回。

【备注 1】在龙芯架构中，寄存器 r3 被定义为栈指针（Stack Pointer，SP）；用于函数的参数传递的寄存器是 r4~r11，同时寄存器 r4 又用作函数返回值。更详细的指令讲解和寄存器使用规则请阅读第 03 章和第 05 章。

【备注 2】指令“la.local”是汇编宏指令，它并不是龙芯指令集中的指令，不能直接被 CPU 识

---

1 循环展开是指编译器在编译过程中，多次复制循环体内部指令，使循环次数减少或消除，以此降低循环分支指令带来的性能开销。

2 死代码消除是指编译器在编译过程中，识别并删除那些永远不会被执行的代码。

别和运行，只能被汇编器识别。这里的宏指令是龙芯架构为了方便开发人员快速编写龙芯汇编程序而提供的，这些宏指令会被 GCC 汇编器识别并转换成相应的真实汇编指令，其他架构也存在类似的宏指令。

2.2.2 机器指令生成阶段

机器指令生成阶段使用的工具叫汇编器（as），主要任务是解析汇编源文件（hello.s），并将内部的汇编语句按照指令码表编码成处理器可识别的机器指令，生成目标文件（hello.o）。

目标文件（以 hello.o 为例）不是文本文件，故此文件中的内容是人类不可读的乱码。如果要正确查看文件中的具体内容，可以借助于反汇编工具 objdump。objdump 工具用于把目标文件转换成人类可读的 UTF-8 编码格式的文本文件，命令格式为

```
objdump <option> <objfile>
```

option 可以是 -f、-h、-d、-t 等参数值，分别可用于显示目标文件的头信息、段信息、文件内容、符号表信息等，根据实际需要来选择即可。objdump 更多的可用参数和含义可以使用命令“objdump --help”来查看。

这里使用参数“-d ”来反汇编目标文件 hello.o 的所有代码段指令，并重定向到文件 a.txt。具体命令如下：

```
$ objdump -d hello.o > a.txt
```

文件 a.txt 中包含所有用到的函数的反汇编信息，这里仅列举函数 main 对应的反汇编内容，具体如下：

```
0000000000000000 <main>:
   0:  02ffc063      addi.d       $r3,$r3,-16(0xff0)
   4:  1c000005      pcaddu12i    $r5,0
   8:  02c000a5      addi.d       $r5,$r5,0
   c:  1c000004      pcaddu12i    $r4,0
  10:  02c00084      addi.d       $r4,$r4,0
  14:  54000000      bl           0 # 18 <main+0x18>
  18:  00150004      or           $r4,$r0,$r0
  24:  02c04063      addi.d       $r3,$r3,16(0x10)
  28:  4c000020      jirl         $r0,$r1,0
```

为了便于阅读和理解，objdump 把机器指令按三列显示。第一列为当前这条机器指令所在的内存地址，以十六进制表示。不过在此阶段每个方法所在的起始地址都为 0，待后面链接阶段才能确定最终在内存中的位置。龙芯指令是定长指令，长度固定为 4 字节，故后面每条指令位置都累加 4，即 4、8、c 等。第二列为机器指令，也是用十六进制表示。第三列是对 hello.o 中的每条机器指令的对等翻译，把不易读的机器指令翻译成相对易读的汇编指令。

可以看出hello.o和hello.s中的指令大部分是相似的，例如指令“addi.d $r3,$r3,-16(0xff0)”和“or $r4,$r0,$r0”等。区别在于.s文件中除了有汇编指令，还有仅给汇编器使用的汇编器指令（如“.LC0”）和汇编宏指令（如“la.local”）。汇编器指令用于指导汇编器如何工作，例如.LC0用于告诉汇编器这里将是本文件中第一个变量所在内存位置。而汇编宏指令是对架构真实汇编指令的封装，例如宏指令“la.local $r5,.LC0”被翻译成LoongArch的“pcaddu12i $r5,0”和“addi.d $r5,$r5,0”。

还有一点需要注意的是，指令“bl 0”表示要跳转的地址为0，故还无法实现对函数printf的调用。也就说明此阶段的目标文件还不能被计算机正确地执行。待链接阶段这个跳转地址被修改成有效的内存地址后，这段程序才是可有效执行的。

机器指令生成阶段可以直接使用工具as完成，或者使用带参数“-c”的gcc命令完成，具体示例如下：

```
$as hello.s -o hello.o
$ gcc -c hello.c -o hello.o    // 包含预处理和编译阶段
```

2.2.3 链接阶段

链接阶段使用的工具是collect2（collect2是链接器ld的封装）。这个阶段的主要工作就是将机器指令生成阶段的多个.o文件正确地链接起来形成一个文件，例如本节开头时显示的编译过程中命令“collect2 -o hello crt1.o crti.o crtbegin.o hello.o crtend.o crtn.o”，就是将crt1.o...crtn.o等文件链接并将结果写入目标文件hello。对于不能链接进来的动态库（如libc.so），也要在引用它的位置计算好地址，以便程序运行时可以正确找到并动态加载它。

链接阶段有两个核心的工作，分别是符号解析和重定位。符号包括函数名和变量名，每个待链接的目标文件（如hello.o）都有一个符号表，表内包含当前文件中定义和使用到的所有符号，可以使用命令“objdump -t hello.o”来查看。符号解析会对每个符号表中的每个符号定义和符号的引用确定关联，并形成一个全局符号表。重定位就是负责把所有输入文件中的信息重新排列，并根据全局符号表来重新计算里面符号的最终位置。

我们使用objdump反汇编链接后生成的hello文件，显示结果如下：

```
0000000120000570 <printf@plt>:
   120000570:   1c00010f        pcaddu12i       $r15,8(0x8)
   120000574:   28ea81ef        ld.d            $r15,$r15,-1376(0xaa0)
   120000578:   1c00000d        pcaddu12i       $r13,0
   12000057c:   4c0001e0        jirl            $r0,$r15,0

0000000120000580 <main>:
   120000580: 02ffc063          addi.d   $r3,$r3,-16(0xff0)
```

```
120000584: 1c000005      pcaddu12i      $r5,0
120000588: 02c000a5      addi.d $r5,    $r5,0
12000058c: 1c000004      pcaddu12i      $r4,0
120000590: 02c00084      addi.d         $r4,$r4,0
120000594: 54000000      bl     -40(0xfffffd8) # 120000570 <printf@plt>
12000059c: 00150004      or             $r4,$r0,$r0
1200005a0: 02c04063      addi.d         $r3,$r3,16(0x10)
1200005ac: 4c000020      jirl           $r0,$r1,0
```

和前文机器指令生成阶段产生的 hello.o 文件内容做对比后不难发现，链接后的指令几乎没有变化，但是指令的存放地址发生了改变（见第一列）。main 函数的起始地址（函数的第一条指令所在地址）由之前的 0 变为 0x120000580，后面的指令所在地址依次加 4 字节。这个地址是 hello 程序运行时的有效虚拟地址。而且经过重定位过程，指令“bl　0”变成了“bl -40(0xffffd8)”，指令没有变，但是跳转地址被修正，即从当前地址（0x120000594）减去 40 字节可得到 printf 的函数地址。后面的备注信息（ # 120000570 <printf@plt>）已经帮助我们计算好了，printf 的地址为 0x120000570 。

2.3 本章小结

本章介绍了龙芯基础指令集的基本特性，包括指令组成和指令分类、寄存器、指令长度和编码格式、指令汇编助记格式等。同时以 C 语言为例，介绍了 GCC 编译器把高级语言翻译成处理器可执行的机器语言的基本流程。通过对本章的学习，读者能对 LoongArch 有一个基本的了解，并为后面内容的学习理解打下一定的技术基础。

2.4 习题

1. 什么是编译器和链接器?
2. 与变长编码相比，定长编码的指令集优势是什么?
3. C 语言的语句“a++”对应的 LoongArch 汇编指令是什么?
4. 龙芯架构 LoongArch 提供的通用寄存器和浮点寄存器的数量和位宽是多少?
5. 使用 GCC 编译一个简单的 C++ 程序，列举出与编译 C 程序的区别。

第 03 章

LoongArch 基础整数指令集

LoongArch 基础整数指令集包含最基本、最常用的指令集合。其中的浮点数指令集、向量指令集、二进制翻译指令集等完全符合“二八定律”，即 20% 的整数指令占用了 80% 的处理器运行时间。一个程序的大部分功能都是通过基础整数指令来实现的，最基本的减乘除等数学运算、函数调用、逻辑判断等功能都在基础整数指令集中。本章将通过多个示例介绍 LoongArch 中的基础整数指令的使用。

一般而言，任何指令集都有多种分类方式。龙芯基础指令集 LoongArch 从权限角度划分为非特权指令与特权指令；从功能角度可以划分为运算指令（包括加减乘除、移位、逻辑运算）、访存指令（负责向内存或者 Cache 等存储器取数或存数）、转移指令（用于控制程序执行流向）、其他杂项指令（无法归类的指令和给操作系统使用的一些指令）；从指令中使用的数据类型角度又可以划分为基础整数指令和基础浮点数指令。具体如图 3-1 所示。

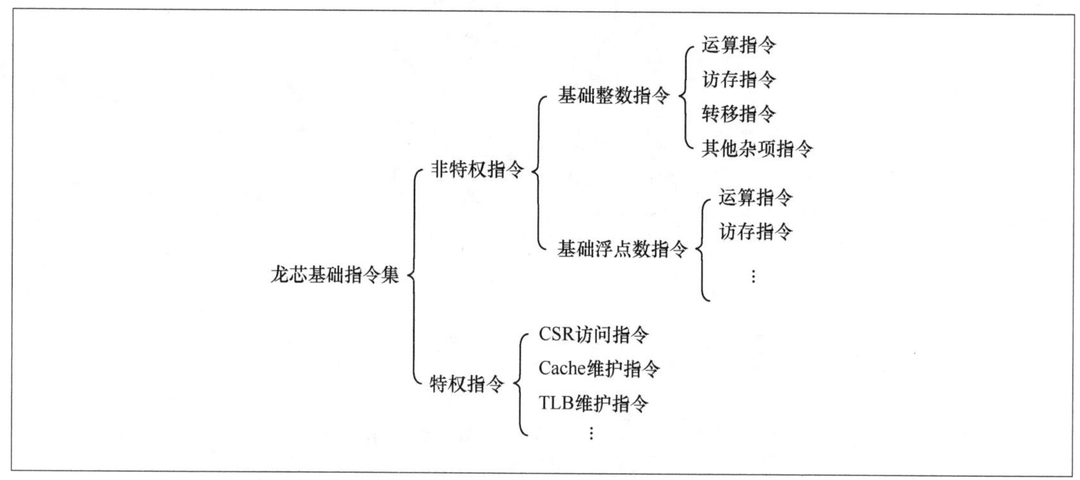

图 3-1　龙芯基础指令集组成

区分非特权指令和特权指令的目的是让计算机变得更好用、更安全。操作系统通过特权指令系统管理计算机，使得应用程序形成独占 CPU 的假象，并使应用间相互隔离，互不干扰。现代计算机的操作系统都实现了保护模式，至少需要用户态和核心态两种运行模式，应用运行在用户态模式下，操作系统运行在核心态模式下。非特权指令可以理解为在用户态运行的指令，其内容包括基础整数指令和基础浮点数指令。

本章将详细介绍龙芯基础整数指令的运算、访存、转移等指令，包括 LA64 架构和 LA32 架构内的指令。第 04 章将详细介绍基础浮点数指令的运算、访存、转移等指令。对特权指令不做介绍。

在 LoongArch 中，数据也是采用二进制补码的方式表示，故寄存器的最高位表示的是符号。LA32 架构下，寄存器的高 31 位（即 r[31]）如果是 1，则代表负数；如果是 0，则代表正数。LA64 架构下，寄存器的高 63 位（即 r[63]）如果是 1，则代表负数；如果是 0，则代表正数。在学习 LoongArch 指令集时，这是需要先清楚了解的。

3.1 运算指令

运算指令包括算术运算指令（加、减、乘、除）、逻辑运算（与、或、或非、异或等）和条件赋值指令、移位运算指令（逻辑左移、逻辑右移、算术右移、循环移位等）、位操作指令（位提取、位替换、半字逆序等）。运算指令也是汇编语言中使用频率最高的指令，下面分别介绍。

3.1.1 算术运算指令

算术运算指令能实现的功能包括加法、减法、乘法、除法、取余数、立即数加载、带移位加法运算。在LA64架构下，运算指令区分32位操作数运算和64位操作数运算，对于小于32位的字节(Byte)、半字（Short）类型的算术运算，可以安全地使用32位或64位算术运算指令。LoongArch算术运算指令如表3-1所示。

表3-1 LoongArch算术运算指令

<table>
<tr><th>指令格式</th><th>功能简述</th></tr>
<tr><td>add.w rd, rj, rk</td><td rowspan="4">32/64位数据加减法，rd = rj ± rk</td></tr>
<tr><td>add.d rd, rj, rk</td></tr>
<tr><td>sub.w rd, rj, rk</td></tr>
<tr><td>sub.d rd, rj, rk</td></tr>
<tr><td>addi.w rd, rj, si12</td><td rowspan="2">带立即数的32/64位加法，rd = rj + si12</td></tr>
<tr><td>addi.d rd, rj, si12</td></tr>
<tr><td>addu16i.d rd, rj, si16</td><td>带立即数的64位加法，rd = rj + (si16<<16)</td></tr>
<tr><td>alsl.w rd, rj, rk, sa2</td><td rowspan="3">32/64位带移位加法，rd = rk + rj<<(sa2+1)</td></tr>
<tr><td>alsl.d rd, rj, rk, sa2</td></tr>
<tr><td>alsl.wu rd, rj, rk, sa2</td></tr>
<tr><td>lu12i.w rd, si20</td><td>立即数加载，rd = SignExtend(si20<<12)</td></tr>
<tr><td>lu32i.d rd, si20</td><td>立即数加载，rd = SignExtend(si20<<32 + rd[31:0])</td></tr>
<tr><td>lu52i.d rd, rj, si12</td><td>立即数加载，rd = (si12<<51) | rj[51:0]</td></tr>
<tr><td>mul.w rd, rj, rk</td><td rowspan="2">32/64位乘法，rd = rj * rk</td></tr>
<tr><td>mul.d rd, rj, rk</td></tr>
<tr><td>mulh.w rd, rj, rk</td><td rowspan="4">32/64位乘法，取结果的高32/64位</td></tr>
<tr><td>mulh.wu rd, rj, rk</td></tr>
<tr><td>mulh.d rd, rj, rk</td></tr>
<tr><td>mulh.du rd, rj, rk</td></tr>
<tr><td>mulw.d.w rd, rj, rk</td><td rowspan="2">保留溢出乘法，rd = rj[31:0] * rk[31:0]</td></tr>
<tr><td>mulw.d.wu rd, rj, rk</td></tr>
<tr><td>div.w rd, rj, rk</td><td rowspan="4">32/64位除法，rd = rj / rk</td></tr>
<tr><td>div.wu rd, rj, rk</td></tr>
<tr><td>div.d rd, rj, rk</td></tr>
<tr><td>div.du rd, rj, rk</td></tr>
<tr><td>mod.w rd, rj, rk</td><td rowspan="4">32/64位取余数，rd = rj % rk</td></tr>
<tr><td>mod.wu rd, rj, rk</td></tr>
<tr><td>mod.d rd, rj, rk</td></tr>
<tr><td>mod.du rd, rj, rk</td></tr>
</table>

在表 3-1 中，rd 代表目的寄存器，rj、rk 代表两个源寄存器。通常情况下 rd、rj、rk 可以是通用寄存器 r0 ~ r31 中的任意一个。si12 代表长度为 12 位的有符号立即数，si16 代表长度为 16 位的有符号立即数，sa2 代表长度为 2 位且需要移位的有符号立即数。

【备注】表 3-1 中的指令，名称后缀为 .d 的指令仅 LA64 架构支持。

接下来，列举几个小例子说明具体指令的使用方法。

【例 3.1】 32 位数的加法运算

```
    add.w r5, r2, r1
```

这条指令实现将源寄存器 r2 与源寄存器 r1 相加，将结果写入目的寄存器 r5。add.w 指令既可以用在 LA32 架构，也可以用在 LA64 架构。当用在 LA32 架构时，由于寄存器宽度（GLEN）和操作数类型相同，故直接运算和赋值即可。而在 LA64 架构，add.w 运算过程是对源操作数 r2、r1 只取其低 32 位参与加法运算，所得结果取低 32 位符号扩展后写入目的寄存器 r5。计算过程如下：

```
add.w  r5, r2, r1   # LA32: r5 = r2 + r1
add.w  r5, r2, r1   # LA64: r5[63:0] = SignExtend( r2[31:0] + r1[31:0] )
```

LA64 指令集中其他 32 位数的运算指令，例如 sub.w、addi.w、mul.w、div.w 等，其运算过程都和 add.w 的类似，需要对运算结果进行符号扩展，将扩展后的结果写入目的寄存器。

【例 3.2】 64 位数的加法运算

```
add.d r5, r2, r1  #r5[63:0] = r2[63:0] + r1[63:0]
```

指令 add.d 仅用于 LA64 架构。在进行加法运算时，源操作数 r2 和 r1 取全部的 64 位，将相加的结果直接写入 r5。

【例 3.3】 有进位的加法运算

```
add.w  r5, r1, r1   #  假设 r1 为 2147483647
```

这条指令实现两个相同正整数 2147483647（0x7FFFFFFF）的加法运算，最终目的寄存器 r5 的值在 LA32 架构上为 0xFFFF FFFE，在 LA64 架构上的值为 0xFFFF FFFF FFFF FFFE。对应的十进制数是 -2，而不是期望的 4294967294。原因在于寄存器的最高位（在 LA32 架构上为 [31]，在 LA64 架构上为 [63]）标识为符号位，符号位为 0 表示正数，为 1 表示负数。剩余的低 31 位或 63 位才是数值，对于 32 位寄存器所能表达的有符号数取值范围是 $[-2^{31}+1, 2^{31}-1]$，对于 64 位寄存器所能表达的有符号数取值范围是 $[-2^{63}+1, 2^{63}-1]$。对于两个 32 位正整数 2147483647 的加法结果是 4294967294，其对应的最高位 [31] 的值为“1”，导致结果为负数。当同符号数相加或者异符号数相减时，进位就有可能导致结果的高位符号改变，称之为溢出。

判断溢出也比较容易，如果两个数的最高位一样，但是相加运算后的结果却与这两个数最高位不一样，即可判断为溢出。例如对两个正整数进行加法运算后，结果可能为负数；或者对两个负整数进行加法运算后，结果可能为正数；对于减法运算，正数减负数结果可能为负数，负数减正数结果可能变为正数。所以在编写汇编指令时要注意这一点。在 RISC 风格的 ARM 体系架构中，有专门的程序状态寄存器（Current Program Status Register，CPSR）用于保存包括进位、正负、溢出标志在内的一些运算结果状态信息。而 LoongArch 中没有设计类似 CPSR 功能的寄存器，但是当程序需要处理运算结果进位、溢出情况时，可以通过目的寄存器和源寄存器的符号位是否一致来判断。

【例 3.4】 带立即数的 32 位加法运算

```
addi.w r5, r2, 100
```

这条指令实现 32 位源寄存器 r2 与十进制数 100 相加，将结果写入目的寄存器 r5。表 3-1 中对 addi.w 指令使用的立即数规定为 si12，说明 addi.w 指令支持的立即数范围为 [-2048, 2047]。如果立即数超出这个范围，开发人员仍然使用此指令进行带立即数的加法操作，将会导致结果错误。那么当立即数超出规定范围时该怎么办呢？这时就需要先把立即数加载到寄存器，再使用不带立即数的指令 add.w 进行运算。

【例 3.5】 实现与十进制数 4098（十六进制表示为 0x1002）的 32 位加法运算

```
lu12i.w  r1,  0x1
ori      r1, r1, 0x2
add.w    r5, r2, r1
```

立即数 4098 已经超出了 addi.w 指令支持的立即数范围，故这里先通过指令 lu12i.w 和指令 ori 共同来把 4098 加载到寄存器 r1 中，再通过指令 add.w 完成加法运算。其中 lu12i.w r1, 0x1 的功能是将 4098 中超过 12 位的部分（即 0x1）加载到寄存器 r1，结果为 0x1000；指令 ori r1, r1, 0x2 的功能是将寄存器 r1 值和 4098 的低 12 位数（即 0x002）进行逻辑或运算，并将结果 4098（0x1002）写入寄存器 r1。这样最终的 4098 被加载到寄存器 r1。

LoongArch 中立即数加载的相关指令除了 lu12i.w，还可以结合使用指令 lu32i.d、lu52i.d，分别实现 52 位、64 位立即数的加载。具体可分如下情况。

（1）小于 12 位的立即数加载：

```
addi.d rd, r0, imm
```

当要加载的立即数小于 12 位时，可以通过与寄存器 r0（其值永远为 0）的加法运算实现加载到寄存器。

（2）大于 12 位但小于 32 位的立即数加载：

```
lu12i.w  rd,  imm[31:12]
ori      rd,  rd,  imm[11:0]
```

对于大于 12 位但小于 32 位的立即数，需要上面两条指令来实现加载。指令 lu12i.w 完成立即数 imm 的高 20 位的加载，ori 完成立即数 imm 的低 12 位与 imm 的高 20 位的逻辑或运算，从而实现 32 位的立即数加载。

（3）大于 32 位但小于 52 位的立即数加载：

```
lu12i.w  rd,  imm[31:12]
ori      rd,  rd,  imm[11:0]
lu32i.d  rd,  imm[51:32]
```

对于大于 32 位但是小于 52 位的立即数，按 52 位立即数加载，需要 3 条指令完成。前两条指令完成立即数 imm 的低 32 位加载。指令 lu32i.d 实现 imm 的高 20 位加载并将其与低 32 位进行拼接，从而实现 52 位立即数的加载。

（4）大于 52 位的立即数加载：

```
lu12i.w  rd,      imm[31:12]
ori      rd, rd,  imm[11:0]
lu32i.d  rd,      imm[51:32]
lu52i.d  rj, rd,  imm[63:52]
```

对于大于 52 位的立即数，按 64 位立即数进行处理，需要 4 条指令来完成加载。前 3 条指令完成立即数 imm 的低 52 位加载。指令 lu52i.d 实现 imm 的高 12 位加载并将其与低 52 位进行拼接，从而实现 64 位立即数的加载。

可以看出立即数的加载是比较烦琐的。为了减少程序员编写代码的负担，汇编器支持立即数加载伪指令“li.w rd, imm32”和“li.d rd, imm64”，分别用于 32 位以内的立即数加载和 64 位以内的立即数加载。这就使得程序员编写汇编代码时不需要考虑要加载的立即数是小于 12 位、32 位、52 位还是 64 位的，汇编器会根据立即数的实际长度帮助我们把 li.w 和 li.d 指令对应到上述几种情况。所以当我们编写汇编代码时，对于加载立即数 4098（十六进制为 0x1002）到寄存器 r4，可以直接使用如下指令：

```
li.w r4, 0x1002
```

【例 3.6】 带移位的 64 位数加法运算

```
alsl.d r5, r4, r5, 3 #r5[63:0] = ( r4[63:0] << (3+1) ) + r5[63:0]
```

这条指令实现类似 C 语言中 b = (a<<4) + b; 语句的运算。其中假设寄存器 r4 存放变量 a 的值，寄存器 r5 存放变量 b 的值，位移量为 4（3+1），将结果写入 r5。

表 3-1 中共有 3 条带移位的加法运算指令，分别是 alsl.w、alsl.d、alsl.wu，这也是龙芯基础指令集中为数不多的四操作数指令。这 3 条指令的功能都是实现带移位（左移）的加法操作，区别在于源操作数的位宽不同。其中 alsl.w 与 alsl.wu 都用于 32 位操作数的移位加运算。对于指令 alsl.w，需要对运算结果进行符号扩展后写入目的寄存器；对于指令 alsl.wu，则需要对运算结果进

行零值扩展再写入目的寄存器。但是，这两条指令的位移量都限制为 sa2，即位移量范围是 [1, 4]。当位移量超出此指令限制范围时，例如位移量为 5，那要实现同样的功能，就需要额外使用一条移位指令和一条加法指令。

【例 3.7】 乘法 / 除法运算

```
mul.w r5, r2, r1
div.w r5, r2, r1
```

这两条指令分别实现源寄存器 r2 与源寄存器 r1 的乘法运算和除法运算，将所得乘积和商写入目的寄存器 r5。同加法指令 add.w 类似，mul.w、div.w 既可以用在 LA32 架构，也可以用在 LA64 架构。当用在 LA32 架构时，由于寄存器宽度和操作数类型相同，故直接赋值即可。而在 LA64 架构，mul.w、div.w 运算过程是对源操作数只取其低 32 位参与运算，对所得结果的低 32 位进行符号扩展到 64 位后再写入目的寄存器。

当两个整数进行乘法运算时，要考虑溢出问题；当两个整数进行除法运算时，要考虑余数问题。乘法指令溢出是指对于 mul.w 指令，乘积结果超过 31 位；对于 mul.d 指令，乘积结果超过 63 位。除法指令余数是指对于指令 div.w、div.d，源操作数不能被整除而出现余数的情况。

假设示例中的寄存器 r1 的值为 0x7FFF FFFF，寄存器 r2 的值为 0x4，我们期望的数学乘积结果应该为 8589934588（0x1FFFFFFFC）。但是由于目前使用 mul.w 指令，实现的是寄存器 r1 和 r2 的低 32 位乘法运算，并将运算结果的低 32 位进行有符号扩展，写入寄存器 r5，故 r5 变为 -4（0xFFFF FFFF FFFF FFFC）。如果想得到期望的结果 8589934588（0x1FFFFFFFC），那可以更换为指令 mul.d 或者 mulw.d.w 来计算，具体写法如下：

```
mul.d     r5, r1, r2
mulw.d.w  r5, r1, r2
```

使用指令 mul.d 意味着将 r1 和 r2 按照 64 位数来处理，寄存器 r5 被写入的值是乘积结果的全 64 位，故结果为我们所期望的 8589934588（0x0000 0001 FFFF FFFC）。而指令 mulw.d.w 是将寄存器 r1 和 r2 的低 32 位进行相乘后，将 64 位的乘积写入寄存器 r5 中，也能得到我们期望的结果。

还可以根据程序功能需要，获取到两个整数乘积的溢出部分，即使用指令 mulh.w 或者 mulh.d 指令。

对于除法运算，可以用指令 div 和 mod 分别获取两个整型数据的商和余数。具体指令如下：

```
div.d    r5, r1, r2
mod.d    r6, r1, r2
```

假设此时寄存器 r1 的值为 5，寄存器 r2 的值为 2。那在这两条指令执行后，寄存器 r5 的值为商 2，寄存器 r6 的值为余数 1。

表 3-1 中的乘除法指令中，指令名后缀 .u 指的是源操作数为无符号数据类型。

3.1.2 逻辑运算和条件赋值指令

逻辑运算指令用于对指定源操作数按位做逻辑运算，并将运算结果写入目的寄存器。逻辑运算指令包括逻辑与、逻辑或、逻辑异或、逻辑或非等。条件赋值指令就是根据源操作数的逻辑运算结果来对目的寄存器进行赋值操作。LoongArch 中支持的逻辑运算和条件赋值指令如表 3-2 所示。

表 3-2 LoongArch 中支持的逻辑运算和条件赋值指令

指令格式	功能简述
and rd, rj, rk	逻辑与，rd = rj & rk
or rd, rj, rk	逻辑或，rd = rj | rk
nor rd, rj, rk	逻辑或非，rd = ~（rj | rk）
xor rd, rj, rk	逻辑异或，rd = rj ^ rk
andn rd, rj, rk	取反逻辑与，rd = rj & (~ rk)
orn rd, rj, rk	取反逻辑或，rd = rj | (~ rk)
andi rd, rj, ui12	带立即数的逻辑与，rd = rj & ui12
ori rd, rj, ui12	带立即数的逻辑或，rd = rj | ui12
xori rd, rj, ui12	带立即数的逻辑异或，rd = rj ^ ui12
slt rd, rj, rk	条件赋值，rd = (rj<rk) ? 1:0
sltu rd, rj, rk	
slti rd, rj, si12	带立即数的条件赋值，rd = (rj<si12) ? 1:0
sltui rd, rj, si12	
maskeqz rd, rj, rk	条件赋值，rd = (rk == 0) ? 0 : rj
masknez rd, rj, rk	条件赋值，rd = (rk != 0) ? 0 : rj
nop	空指令

表 3-2 中，条件赋值指令 slt、sltu、slti、sltui 中的 lt（less than 的缩写）意为小于，即如果对两个源操作数进行小于比较，当条件成立时目的寄存器 rd 写 1，否则写 0。sltu 将源操作数视为无符号数参与比较运算；slti 表明源操作数中有立即数。

条件赋值指令 maskeqz 和 masknez 分别用于实现当源操作数 rk 等于 0（对应 eqz）、不等于 0（对应 nez）的条件成立时，将 0 赋值给 rd，否则将 rj 赋值给 rd。

表 3-2 中所有的逻辑运算和条件赋值指令都不区分源操作数的数据类型，即在 LA32 架构上对 32 位寄存器进行运算，在 LA64 架构上对 64 位寄存器进行运算。接下来，列举几个小例子说明具体指令的使用方法。

【例 3.8】 取两个数的最大值。

```
slt     r12, r4, r5
maskeqz r4, r4, r12
masknez r12, r5, r12
or      r6, r4, r12
```

这 4 条指令实现了类似于 C 语言中“a = (b > c) ? b : c;”的功能，即取两个数 b、c 中的最大值，将结果赋值给 a。假设变量 b 存放在寄存器 r4，变量 c 存放在寄存器 r5，变量 a 存放在寄存器 r6。指令“slt   r12, r4, r5”即把 b<c 的结果存放在寄存器 r12 中；指令“maskeqz r4, r4, r12”和“masknez r12, r5, r12”实现当 b<c 不成立时 r4 为 0、r12 为 r5，此时指令“or   r6, r4, r12”中 r6 结果为 r12，即 a=c；当 b<c 成立时，r4 不变、r12 为 0，此时指令“or r6, r4, r12”中 r6 结果为 r4，即 a=b。

【例 3.9】 带立即数的逻辑与运算

```
andi      r5, r2, 3
```

这条指令实现源寄存器 r2 与立即数 3 的逻辑与运算，将运算结果写入目的寄存器 r5。假设 r2 的值为 0x7F0，那么 r5 的结果为 0x0。

对于指令 andi，立即数描述为 ui12，即无符号 12 位数。当参与运算的立即数超过 12 位时，就需要通过指令 li 加载立即数，再使用指令 and 来进行逻辑与运算。

在实际工程中，判断一个地址是否满足特定对齐要求时，使用指令 andi 不失为一个高效的选择。例如判断一个地址是否满足 8 字节对齐，只需要判断这个地址和立即数 0x7 做逻辑与运算的结果是否为 0；同理要判断一个地址是否满足 16 字节对齐，只需要判断这个地址和立即数 0xF 做逻辑与运算的结果是否为 0。

【例 3.10】 空指令 nop 的使用

```
nop       # andi r0, r0, 0
```

nop 指令是“andi r0, r0, 0”的别名，实现寄存器 r0 和立即数 0 的按位逻辑与运算，并将结果写回 r0。在龙芯架构参考手册中规定，通用寄存器 r0 值永远为 0。可见 nop 指令看上去没有什么功能实现，其功能仅为占据 4 字节的指令码位置并将 PC 加 4，故为空指令。但是 nop 指令却有实际的使用意义，例如编译器中常用 nop 指令来保证内存对齐。在龙芯平台，为了提高程序运行效率，通常要求一个函数的起始地址是 16 字节对齐（即可以被 16 整除），故当编译器发现一个函数中最后一条指令（通常为一条跳转指令）所在地址不是 16 字节对齐，那么就会在最后一条指令的后面添加 1 ~ 3 条 nop 指令，来确保下一个函数的起始地址是 16 字节对齐。

3.1.3 移位运算指令

移位运算指令指的是二进制移位，其功能是将源操作数的所有二进制位按操作符规定的方式移

动 N 位后的结果送入目标地址。具体包括逻辑左移、逻辑右移、算术右移、循环移位（循环右移）。逻辑左移 N 位就是将源操作数向高位移动 N 位，高 N 位丢失，低 N 位添 0；逻辑右移 N 位就是将源操作数向低位移动 N 位，低 N 位丢失，高 N 位添 0；算术右移 N 位是将源操作数向低位移动 N 位，但是高 N 位添的是符号位。循环移位仅仅包括循环右移，就是将移位的低 N 位放置在高 N 位，高 N 位放到低 N 位，这里 N 的取值范围依具体指令而定。LoongArch 移位运算指令如表 3-3 所示。

表 3-3　LoongArch 移位运算指令

指令格式	功能简述
sll.w rd, rj, rk	逻辑左移，rd = rj << rk[4:0]
sll.d rd, rj, rk	逻辑左移，rd = rj << rk[5:0]
slli.w rd, rj, ui5	带立即数的逻辑左移，rd = rj << ui5
slli.d rd, rj, ui6	带立即数的逻辑左移，rd = rj << ui6
srl.w rd, rj, rk	逻辑右移，rd = rj >> rk[4:0]
srl.d rd, rj, rk	逻辑右移，rd = rj >> rk[5:0]
srli.w rd, rj, ui5	带立即数的逻辑右移 ，rd = rj >>> ui5
srli.d rd, rj, ui6	带立即数的逻辑右移，rd = rj >>> ui6
sra.w rd, rj, rk	算术右移，rd = rj >> rk[4:0]
sra.d rd, rj, rk	算术右移，rd = rj >> rk[5:0]
srai.w rd, rj, ui5	带立即数的算术右移 ，rd = rj >> ui5
srai.d rd, rj, ui6	带立即数的算术右移，rd = rj >> ui6
rotr.w rd, rj, rk	循环右移
rotr.d rd, rj, rk	
rotri.w rd, rj, ui5	带立即数的循环右移
rotri.d rd, rj, ui6	

对于表 3-3 要注意的是，32 位与 64 位操作数的移位运算指令中的移位量是不同的，具体来说有如下两点。

- 32 位操作数移位指令 sll.w、srl.w、sra.w 、rotr.w 和带立即数的 32 位移位指令 slli.w、srli.w、srai.w、rotri.w 移位量均是 5 位无符号立即数，移位范围为 0 ~ 31。
- 64 位操作数移位指令 sll.d、srl.d、sra.d 、rotr.d 和带立即数的 64 位移位指令 slli.d、srli.d、srai.d、rotri.d 移位量均是 6 位无符号立即数 ui6，移位范围为 0 ~ 63。

在工作中，使用者可根据程序实际需要来选择合适的移位指令，例如移位量是否是常数、操作数的数据类型等。接下来，列举几个小例子说明具体指令的使用方法。

【例 3.11】　逻辑左移运算

```
sll.w r5, r1, r2     # LA32, r5 = r1 << r2[4:0]
                     # LA64, r5[63:0] = SignExtend(r1[31:0] << r2[4:0])
```

这条指令也可以同时运行在 LA32 架构和 LA64 架构上，实现将 32 位源寄存器 r1 的数据逻辑左移 *N* 位，将移位结果（在 LA64 架构上需要符号扩展）写入目的寄存器 r5。这里 *N* 的取值为源寄存器 r2 的低 5 位。假设寄存器 r1 的值为 205（0xCD），寄存器 r2 的值为 0x4，那么这条指令执行后，寄存器 r5 的值应该为 3280（0xCD0）。

因为 sll.w 的移位量是取寄存器 r2 的低 5 位，对于“int a=b<<34”这样的 C 语言运算，34（对应二进制数 0b0010 0010）低 5 位为 2（对应二进制数 0b0 0010），计算结果为“a=b<<2”，相当于把位移量进行除 32 取余数。同样对于 64 位（在 LA64 架构对应的 C 语言 long 类型）数据左移 65 位运算，相当于左移 1 位运算。

【例 3.12】 带立即数的算术右移运算

```
srai.d r5, r1, 4
```

在 LA64 架构，这条指令实现了将源寄存器 r1 的数据算术右移 4 位，将移位结果写入目的寄存器 r5。假设寄存器 r1 的值为 205（0xCD），算术右移 4 位后，寄存器 r5 的值为 12（0xC）。

在处理器核内，移位指令和乘法指令使用不同的功能部件，且移位指令效率要优于乘法指令。故在遇到一些乘数较小的乘法运算时，比如乘 2、乘 4、乘 8 等，可以使用逻辑左移指令替代完成相应的乘法运算。乘 2 运算相当于把乘数左移 1 位，乘 4 运算相当于把乘数左移 2 位，乘 8 运算相当于把乘数左移 3 位。但是当被乘数超过移位指令的位移量时，就只能使用乘法指令完成相应的乘法运算。对于有符号的整除运算（即除法运算后余数为 0），也可以替换成相应的算术右移指令来提高效率，例如除以 2 的运算指令可以换成算术右移 1 位指令，除以 4 的运算指令可以换成算术右移 2 位指令。对于无符号的整除运算，可以视情况替换成相应的逻辑右移指令。

【例 3.13】 带立即数的循环右移运算

```
rotri.d r5, r1, 32
```

在 LA64 架构，这条指令实现了将源寄存器 r1 的数据循环右移 32 位，将移位结果写入目的寄存器 r5。假设寄存器 r1 的值为十六进制 0x11111111EEEEEEEE，循环右移 32 位后，寄存器 r5 的值应该为 0xEEEEEEEE11111111。

3.1.4 位操作指令

位操作指令就是按一定要求对源操作数进行某些位的操作，包括高位符号扩展、按条件计数、指定位数的数据拼接和提取、按条件逆序、指定位置的替换等。LoongArch 支持的位操作指令如表 3-4 所示。

【备注】位操作指令仅在 LA64 架构下被支持。

表 3-4 LoongArch 支持的位操作指令

指令格式	功能简述
ext.w.b rd, rj	符号扩展，rd = SignExtend(rj[7:0])
ext.w.h rd, rj	符号扩展，rd = SignExtend(rj[15:0])
clo.w rd, rj	计量 rj[31:0]（从高位到低位）中连续 1 的数量
clz.w rd, rj	计量 rj[31:0]（从高位到低位）中连续 0 的数量
cto.w rd, rj	计量 rj[31:0]（从低位到高位）中连续 1 的数量
ctz.w rd, rj	计量 rj[31:0]（从低位到高位）中连续 0 的数量
clo.d rd, rj	计量 rj[63:0]（从高位到低位）中连续 1 的数量
clz.d rd, rj	计量 rj[63:0]（从高位到低位）中连续 0 的数量
cto.d rd, rj	计量 rj[63:0]（从低位到高位）中连续 1 的数量
ctz.d rd, rj	计量 rj[63:0]（从低位到高位）中连续 0 的数量
bytepick.w rd, rj, rk, sa2	左右拼接 rk[31:0] 和 rj[31:0] 成一个 64 位数，再从左侧第 sa2 位开始截取 32 位，将所得 32 位数进行符号扩展再写入 rd
bytepick.d rd, rj, rk, sa3	左右拼接 rk 和 rj 成一个 128 位数，再从左侧第 sa3 位开始截取 64 位并写入 rd
revb.2h rd, rj	将 32 位数以半字为组按字节逆序。 将 rj[15:0] 中的 2 字节逆序，将 rj[31:16] 中的 2 字节逆序，将结果进行符号扩展后存入 rd
revb.4h rd, rj	将 64 位数以半字为组按字节逆序。 将 rj[15:0] 中的 2 字节逆序，将 rj[31:16] 中的 2 字节逆序， 将 rj[47:32] 中的 2 字节逆序，将 rj[63:48] 中的 2 字节逆序，将结果存入 rd
revb.2w rd, rj	将 64 位数以字为组按字节逆序。 将 rj[31:0] 中的 4 字节逆序，将 rj[63:32] 中的 4 字节逆序，将结果存入 rd
revb.d rd, rj	将 64 位数以双字为组按字节逆序。 将 rj[63:0] 中的 8 字节逆序排列，将结果存入 rd
revh.2w rd, rj	将 64 位数以字为组按半字逆序。 将 rj[31:0] 中的 2 个半字逆序排列，将 rj[63:32] 中的 2 个半字逆序排列，将结果存入 rd
revh.d rd, rj	将 64 位数以双字为组按半字逆序。 将 rj[63:0] 中的 4 个半字逆序排列，将结果存入 rd
bitrev.4b rd, rj	将 32 位数以字为组按位逆序。 将 rj[7:0] 中的 8 个位逆序排列，将 rj[15:8] 中的 8 个位逆序排列， 将 rj[23:16] 中的 8 个位逆序排列，将 rj[31:24] 中的 8 个位逆序排列， 将结果进行符号扩展后写入 rd

续表

指令格式	功能简述
bitrev.8b rd, rj	将 64 位数以字为组按位逆序。 将 rj[7:0] 中的 8 个位逆序排列，将 rj[15:8] 中的 8 个位逆序排列， 将 rj[23:16] 中的 8 个位逆序排列，将 rj[31:24] 中的 8 个位逆序排列， 将 rj[39:32] 中的 8 个位逆序排列，将 rj[47:40] 中的 8 个位逆序排列， 将 rj[55:48] 中的 8 个位逆序排列，将 rj[63:56] 中的 8 个位逆序排列， 将结果写入 rd
bitrev.w rd, rj	将 32 位数以字为组按位逆序。 将 rj[31:0] 中的 32 个位逆序排列，将结果进行符号扩展后写入 rd
bitrev.d rd, rj	将 64 位数以双字为组按位逆序。 将 rj 中的 64 个位逆序排列，将结果写入 rd
bstrins.w rd, rj, msbw, lsbw bstrins.d rd, rj, msbd, lsbd	将 32/64 位数的位替换。 把 rj 中的 [(msbw-lsbw):0] 位替换到 rd 的 [msbw:lsbw]
bstrpick.w rd, rj, msbw, lsbw	将 32 位数的位提取

表 3-4 中，逆序排列的方式有按位逆序、按字节逆序和按半字逆序，源操作数可以是 32 位或 64 位。按位逆序的指令名前缀都为“bitrev”，按字节逆序的指令名前缀都为“revb”，按半字逆序的指令名前缀都为“revh”。逆序排列时根据源操作数的长度和逆序方式不同，又可以把源操作数划分成不同的操作组，具体是哪种可以通过指令名的后缀来分辨：“.w”表示源操作数为 32 位且以字为组逆序，“.4b”表示源操作数为 32 位且以字为组逆序，“.8b“表示源操作数为 64 位且以字为组逆序，“.2h”表示源操作数为 32 位且以半字为组逆序，“.2w”表示源操作数为 64 位且以字为组逆序，等等。

接下来，列举几个小例子说明具体指令的使用方法。

【例 3.14】 符号扩展运算

```
ext.w.h r5, r4
```

这条指令实现将源寄存器 r4 的低 16 位 [15:0] 进行符号扩展后写入目的寄存器 r5。例如在 LA64 架构，源寄存器 r4 的值为 0x000000000000FFFA，那么这条指令被执行后，寄存器 r5 的值将是 0XFFFFFFFFFFFFFFFA。

符号扩展指令可用于实现高级语言中的 byte、short 数据类型向 int 数据类型的转换功能。

【例 3.15】 统计二进制数中连续 1 的数量

```
cto.d r5, r4
```

这条指令实现对源寄存器 r4 中 [63:0] 数据，从第 0 位开始向第 63 位方向统计连续 1 的个数，将结果写入目的寄存器 r5。假设 r4 中值为 0x30F，这条指令被执行后，寄存器 r5 的值将为 4。

【例 3.16】 以字为组按字节逆序

```
revb.2w r5, r1
```

这是一条以字为组按字节逆序指令。假设源寄存器 r1 的值为 0xEE00FF11 CC22DD33。那么这条指令执行后，目的寄存器 r5 的值就为 0x11FF00EE 33DD22CC。

按字节逆序的相关指令在进行尾端转换，即大尾端转换成小尾端或者小尾端转换成大尾端时，是非常有用的。例如一个 32 位整型数据的尾端转换，使用 C 语言实现为

```
int reverse_dst = (src << 24) | ((src & 0xff00) << 8)
                        | ((src >>> 8) & 0xff00) | (src >>> 24);
```

如果 src 的值为 0x11223344，那么最终 reverse_dst 的值为 0x44332211。对应的 LoongArch 汇编指令为

```
revb.2w    r7, r4
slli.w     r7, r7, 0
```

这里假设变量 src 存放在寄存器 r4，变量 reverse_dst 存放在寄存器 r7，那么指令 revb.2w 实现后的动作就是将寄存器高 32 位、低 32 位分别以字节为单位逆序，将逆序结果存入 r7；因为此处实现的是 32 位整型数据的尾端转换，所以增加指令 slli.w 实现 32 位数到 64 位寄存器的有符号扩展。

【备注】位操作指令仅在 LA64 架构上支持，在 LA32 架构上没有位操作相关指令。对于在 LA64 架构编写能兼容 LA32 架构的应用程序时，需要注意这一点。

3.2 访存指令

访存指令用于对内存中的数据进行读操作（访问）或写操作（存储）。LoongArch 中访存指令分为普通访存指令、边界检查访存指令（访存之前会对地址的合法性进行检查）、原子访存指令（能够原子性地完成对某个内存地址的读－修改－写的操作序列）。在龙芯架构参考手册中，栅障指令不属于访存指令范畴，但由于栅障指令和数据访存有一定的关联性，故也将它放在本节介绍。

3.2.1 普通访存指令

普通访存指令实现对指定内存地址的读写数据功能。读数据也被称为加载，即从指定内存地址加载数据到指定寄存器。写数据也被称为存储，即把指定寄存器的数据存储到指定内存地址。读写数据的类型可以是字节、半字、字、双字。LoongArch 支持的普通访存指令如表 3-5 所示。

表 3-5 LoongArch 支持的普通访存指令

指令格式	功能简述
ld.b rd, rj, si12	从内存地址（rj+si12）加载一字节 / 半字 / 字 / 双字的数据写入寄存器 rd，其中一字节 / 半字 / 字的数据写入寄存器 rd 之前需要进行符号扩展
ld.h rd, rj, si12	
ld.w rd, rj, si12	
ld.d rd, rj, si12	
ld.bu rd, rj, si12	从内存地址（rj+si12）加载一字节 / 半字 / 字 / 双字的数据进行零扩展后写入寄存器 rd
ld.hu rd, rj, si12	
ld.wu rd, rj, si12	
st.b rd, rj, si12	将寄存器 rd 中的 [7:0]/[15:0]/[31:0]/[63:0] 位数据写入内存地址（rj+si12）
st.h rd, rj, si12	
st.w rd, rj, si12	
st.d rd, rj, si12	
ldx.b rd, rj, rk	从内存地址（rj+rk）加载一字节 / 半字 / 字 / 双字的数据写入寄存器 rd，其中一字节 / 半字 / 字的数据写入寄存器 rd 之前需要进行符号扩展
ldx.h rd, rj, rk	
ldx.w rd, rj, rk	
ldx.d rd, rj, rk	
ldx.bu rd, rj, rk	从内存地址（rj+rk）加载一字节 / 半字 / 字 / 双字的数据进行零扩展后写入寄存器 rd
ldx.hu rd, rj, rk	
ldx.wu rd, rj, rk	
stx.b rd, rj, rk	将寄存器 rd 中的 [7:0]/[15:0]/[31:0]/[63:0] 位数据写入内存地址（rj+rk）
stx.h rd, rj, rk	
stx.w rd, rj, rk	
stx.d rd, rj, rk	
ldptr.w rd, rj, si14	从内存地址（rj+si14<<2）加载一个字 / 双字的数据写入寄存器 rd，其中一字的数据写入寄存器 rd 之前需要进行符号扩展
ldptr.d rd, rj, si14	
stptr.w rd, rj, si14	将寄存器 rd 中的 [31:0]/[63:0] 位数据写入内存地址（rj+si14<<2）
stptr.d rd, rj, si14	
preld hint, rj, si12	从内存预取一个 Cache 行的数据到 Cache 中

表 3-5 中，对于加载指令中小于 64 位的数据（以 .b、.h、.w 为后缀）都需要进行符号扩展之后再加载到指定寄存器。无论是从内存加载数据到寄存器，还是把寄存器数据写入内存，其内存地址的计算方式都是两种：一种是基址加立即数偏移（常被称为 base+offset），此类访存指令的指令名前缀不带 x，例如 ld.b、st.b；另一种是基址加寄存器偏移（常被称为 base+index），此类访存指令的指令名前缀带 x 标识，例如 ldx.b、stx.b。当使用基址加立即数偏移的访存指令时，偏移值为有符号的 12 位值（si12），即所能表达的偏移范围为 [-2048, 2047]。

对于满足自然对齐的访存地址，可以使用表 3-5 中 ldptr.w、ldptr.d、stptr.w 和 stptr.d 访存指令。由于其地址偏移量为 16 位值（si14<<2），故相较于 ld.w、ld.d、st.w、st.d 指令，可以

实现更大地址偏移范围的数据访存。

表 3-5 中指令“preld hint, rj, si12”用于从指定内存地址提前加载一个 Cache 行的数据到 Cache 中。指定内存地址计算方式为寄存器 rj 的值与立即数 si12 相加。指令中的 hint 有 0 ~ 31 共 32 个可选值，表示预取类型。目前 hint=0 定义为 load 预取至一级数据 Cache，hint=8 定义为 store 预取至一级数据 Cache，其他 hint 值暂未定义，处理器执行时将之视同 nop 指令处理。

接下来，列举几个小例子说明具体指令的使用方法。

【例 3.17】 从内存读数据

```
ld.w r12, r13, 0x7f
```

这条指令实现从指定内存地址加载一个 32 位数据到目的寄存器 r12 中。在 LA64 架构上加载后的数据需要进行符号扩展，然后写入目的寄存器 r12。这里指定内存地址的计算方式为源寄存器 r13 和立即数 0x7f 的和。假设 r13 的值为 0x12000000，那么这个指定内存地址即为 0x1200007f。

在编译器内部，通常会将数组下标 0 所在地址、类对象所在地址、字符串首字符所在地址、堆栈指针寄存器 SP 等当作基址，然后通过偏移量来对其他数据进行索引。例如数组 int a[20]，基址是 &a[0]。当要加载数组中某一项时，偏移值为数组类型宽度与偏移量的乘积。加载 a[3] 的值时，地址计算方式为 base(&a[0])+(sizeof(int) × 3)。

当地址偏移量超出 si12 所能表示的范围时，就只能先把偏移量加载到寄存器，然后使用基址加寄存器偏移的指令。例如偏移量为 0x7ff4 时，此值超出了 12 位，具体指令如下：

```
li.w r14, 0x7ff4          # 加载立即数 0x7ff4 到寄存器 r14
ldx.w r12, r13, r14       # 从内存地址（r13+r14）加载一个字（32 位）到寄存器 r12
```

【例 3.18】 写数据到内存

```
st.b r12, r13, 0x7f
```

这条指令实现将寄存器 r12 的低 8 位 [7:0] 数据写到指定内存地址。这里指定内存地址的计算方式为源寄存器 r13+0x7f。

【例 3.19】 满足内存地址自然对齐的 32 位 /64 位数据访存

```
ldptr.w r12, r13, 0x7ff4
```

这条指令也是实现从指定内存地址加载一个 32 位数到寄存器 r12 中。在 LA64 架构上加载后的数据需要进行符号扩展，然后写入目的寄存器 r12。但是这条指令的内存地址的计算方式为源寄存器 r13+(0x7ff4<<2)，即需要将偏移量逻辑左移 2 位。

表 3-5 中，指令名前缀带 ptr 标识的访存指令（如 ldptr.w、ldptr.d）也属于基址加立即数偏移（base+offset）的类型，但是立即数所能表达的范围更大。当访存地址低两位为 0 时（可解读为满足内存地址自然对齐），相较于 ld/st 指令，可以使用此类指令实现偏移范围在 16 位 [-32768,32767] 的地址访问。例如偏移地址 0x7ff4 超过了 12 位，但是在 16 位范围内，而且低两位都为 0，故可以使用 ldptr.w 指令实现加载。对比【例 3.17】，这里减少了一条立即数 0x7ff4

的加载指令，性能更好一些。

【例 3.20】 预取数据

```
preld 8, r6, 0
```

这条指令实现从地址 r6+0 的内存位置读取一个 Cache 行（龙芯 3A5000 系列芯片中一个 Cache 行是 64 字节）的数据到 Cache 中。hint=8 意味着预取的数据接下来会有写（Store）的处理。

合理地使用预取指令可以减少程序运行中的 Cache Miss（缓存未命中）带来的延迟，提升程序效率。一个程序的运行，必然伴随着处理器和存储器之间的数据交互，这种交互就是通过访存指令完成的。当处理器执行到一条访存指令时，如果待访问的地址数据不在缓存区内，即 Cache Miss，那么处理器就可能要浪费上百个时钟周期来等访存部件去内存中取数据到缓冲区，从而影响程序执行效率。数据预取指令的目的就是在下一个访存指令到来之前，先将数据从内存调入 Cache 中，从而避免 Cache Miss 带来的延迟。

3.2.2 边界检查访存指令

边界检查访存指令同普通访存指令基本功能一样，实现从指定内存地址读数据到寄存器和写数据到指定的内存地址，读写数据的类型可以是字节、半字、字、双字。区别在于对指定内存地址做读写操作之前，边界检查访存指令会进行条件检查，确认这个地址是否大于（小于或等于）给定的地址范围，如果条件不满足则会终止读写操作并触发边界检查例外。LoongArch 支持的边界检查访存指令如表 3-6 所示。

表 3-6 LoongArch 支持的边界检查访存指令

指令格式	功能简述
ldgt.b rd, rj, rk ldgt.h rd, rj, rk ldgt.w rd, rj, rk ldgt.d rd, rj, rk	从内存地址 rj 加载一字节 / 半字 / 字 / 双字的数据写入寄存器 rd，其中一字节 / 半字 / 字的数据写入寄存器 rd 之前需要进行符号扩展。 当 rj 大于 rk 不成立时，触发边界检查例外
ldle.b rd, rj, rk ldle.h rd, rj, rk ldle.w rd, rj, rk ldle.d rd, rj, rk	从内存地址 rj 加载一字节 / 半字 / 字 / 双字的数据写入寄存器 rd，其中一字节 / 半字 / 字的数据写入寄存器 rd 之前需要进行符号扩展。 当 rj 小于或等于 rk 不成立时，触发边界检查例外
stgt.b rd, rj, rk stgt.h rd, rj, rk stgt.w rd, rj, rk stgt.d rd, rj, rk	写寄存器 rd 中的一字节 / 半字 / 字 / 双字到内存 rj。 当 rj 大于 rk 不成立时，触发边界检查例外
stle.b rd, rj, rk stle.h rd, rj, rk stle.w rd, rj, rk stle.d rd, rj, rk	写寄存器 rd 中的一字节 / 半字 / 字 / 双字到内存 rj。 当 rj 小于或等于 rk 不成立时，触发边界检查例外

表 3-6 中，所有指令的访存地址都来自寄存器 rj，rk 代表的是访存边界，且所有指令的访存地址均要求自然对齐，否则将触发非对齐例外。

在什么情况会用到带边界检查的访存指令呢？最常见的就是数组下标取值越界。假设数组定义为 int array[100]，那么数组的下标范围为 0~99，当我们访问 array[-1]、array[101] 时都被视为地址越界访问。C 语言并不具有类似 Java 语言中对程序员友好的动态防御功能，可以对程序中数组下标取值范围进行严格检查（一旦发现数组越界访问就会抛出异常而终止程序）。例如 C 语言中对一个数组 int array[100] 中的越界下标的赋值语句：

```
array[101]  = 1;
```

此语句可以使用如下汇编指令实现：

```
addi.w   r13,   r0,   1(0x1)   # 加载立即数 1 到寄存器 r13
st.w     r13,   r12,  0        # 实现 array[101]=1。这里假设 &array[101] 为 r12
```

指令“st.w r13, r12, 0”执行后将有两个安全隐患：程序立即异常或程序执行一段后异常。编译器可以保证 array[0]~array[99] 所在内存区域是可写的，但是 array[101] 所在内存权限却是不定的。如果 array[101] 所在内存区域是不可写的（例如恰好进入了只读的代码区），那么指令 st.w 执行时会马上触发异常（通常异常信号为 SIGBUS）。如果 array[101] 所在内存区域恰好是可写的，那么这条写指令 st.w 还是正常执行的，但是数值却写到了数组范围外的地址空间（这可能不是程序所期望的），可能会破坏对这个地址空间拥有合法占有权的另一个变量或指针值。程序继续运行一段时间就可能发生错误或者崩溃，这种情况对问题的定位将变得非常困难，因为已经远离了错误现场。

为了让问题在第一时间暴露出来，降低调试难度后，可以使用带边界检查的访存指令实现数组的安全访问。具体如下所示。

【例 3.21】 带边界检查的存储操作

```
addi.w   r13,   r0,   1(0x1)  # 加载立即数 1 到寄存器 r13
stle.w   r13,   r12,  r14     # 如果（r12<=r14）成立，将寄存器 r13 值写入 r12 所指内存
                              # 否则写失败，触发边界检查例外
```

当指令“stle.w r13, r12, r14”被执行时，处理器首先会判断寄存器 r12 中的地址值是否小于或等于（le）寄存器 r14 中存放的地址值。根据程序逻辑，我们让寄存器 r14 存放数组边界值（&array[99]），如果寄存器 r12 中存放的是 &array[101]，那么小于或等于条件不成立，指令 stle.w 执行时会触发边界检查例外，写操作也不会执行，从而避免程序继续运行并把错误传导到程序其他位置而引发调试定位困难。开发者在编写程序时，可以专门建立一个线程用于接收此类型例外（SIGSEGV）并及时处理或反馈易读信息到终端。事实上一些高级语言编译器，例如 Java 虚拟机，其内部动态防御功能的异常处理机制的实现原理也是与此类似的。

【备注】边界检查访存指令仅在 LA64 架构上支持，在 LA32 架构上没有相关指令。如果要在

LA32 架构实现类似功能，可以使用其他基础逻辑运算指令完成。

3.2.3 栅障指令

栅障类型分为数据栅障和指令栅障。数据栅障的功能是防止处理器核对某些访存指令的乱序执行[1]，指令栅障的功能是保证被修改的指令得以执行。

LoongArch 支持的栅障指令如表 3-7 所示。

表 3-7 LoongArch 支持的栅障指令

指令格式	功能简述
dbar hint	数据栅障
ibar hint	指令栅障

通常数据栅障会有多种类型。常见的读栅障（常被描述为 LoadLoad）用于确保数据栅障指令前后读内存指令的有序性（即不会被处理器乱序执行，只有数据栅障指令前面的读内存指令执行完成后，数据栅障指令后面的读内存指令才可以执行）；写栅障（常被描述为 StoreStore）用于确保数据栅障指令前后写内存指令的有序性；完全栅障（常被描述为 AnyAny）用于确保数据栅障指令前后所有访存指令的有序性（只有数据栅障指令前面的所有访存指令执行完成后，数据栅障指令后面的访存指令才可以执行）。

在表 3-7 的“dbar hint”指令中，操作数 hint 用于指示栅障的同步对象和同步程度。hint 默认值为 0，代表完全栅障。目前，龙芯基础指令集中仅实现了完全栅障，其他类型的栅障以后会陆续支持。

表 3-7 中的“ibar hint”指令，具体完成处理器核内部 store 操作和取指之间的同步[2]。操作数 hint 为 0。

接下来，通过例子来说明数据栅障指令的使用方法。

【例 3.22】 数据栅障的使用方法

```
# 写进程
st.d val, data          # 写数据到共享区域 data
st.d 1, tag             # 写数据到共享区域 tag
```

一个程序的写进程用两条写内存指令对一个共享存储区域（分为一个数据区 data 和一个标识区 tag）进行写数据处理，第一条指令负责把数据写到数据区 data，第二条指令负责写数据 1 到标

1 乱序执行：当 CPU 在准备执行到某条需要等待的指令（例如访存指令的读操作数因为 Cache Miss 还没有准备好数据或比较耗时的乘法指令）时，可以先腾出指令执行通路，让排在后面的没有数据相关的指令先执行，从而避免流水线阻塞带来的性能下降。

2 现代处理器基本都是多级缓存（Cache）结构。其中处理器核内私有的一级 Cache 又分为数据缓存（DCache）和指令缓存（ICache），分别用于存放程序的数据和指令。而且数据缓存和指令缓存没有直接联系，故遇到指令被动态修改（程序已经执行）时，需要软件来保证修改后的指令被回写到内存且对应的 ICache 位置上的旧指令作废。

识区 tag，用于通知其他进程这个数据区有新数据写入。相应的读进程需要先读取标识区 tag 并判断其值为 1 才能读数据。

```
# 读进程
ld.d reg, tag    # 读标识区 tag
beqz reg, L      # 标识如果为 0，则跳转到 L 执行 nop
ld.d val, data   # 否则证明标识为 1，执行读数据区 data
L: nop
```

这段程序运行在弱一致性模型[1]的处理器上会存在隐患。由于乱序执行技术的存在，写进程的这两条没有数据相关[2]的写指令“st.d val, data”“st.d 1, tag”是有可能被乱序执行的，即第二条写指令被提前到第一条写指令之前完成，相当于在没有写完数据区就发出数据已经写完的通知。这种情况下就可能出现读进程先读到标识区的值为 1，导致条件成立并执行读数据区 data，这时读到的数据还是之前的旧数据。

解决此问题的做法就是在写进程使用数据栅障指令 dbar，从而保证写数据和写标识的有序性。具体如下：

```
    st.d val, data
    dbar 0                # 确保其前后两条访存指令的顺序执行
    st.d 1, tag
```

同理，读进程的两条没有数据相关的读访存指令也可能存在乱序执行，出现在没有判断标识区 tag 的情况下提前读数据区 data 的情况。故也需要加入数据栅障指令来保序，具体如下：

```
    # 读进程
    ld.d reg, tag
    dbar 0       # 确保其前后两条访存指令的顺序执行
    beqz reg, L
    ld.d val, data
    L: nop
```

对于多进程共享区域数据的读写，指令“dbar 0”的加入避免了处理器乱序执行可能导致的共享区域数据不一致的问题。

1 弱一致性模型是存储一致性模型中的一种。在弱一致性模型中，同步操作和普通访存需要区分开来，当程序中有写共享单元（或变量）存在时，程序员必须用架构所定义的同步操作把对写共享单元的访问保护起来，以保证多个处理器核对于写共享单元的访问是互斥的，即保证程序的正确性。这里所提的“架构所定义的同步操作”即栅障指令。

2 数据相关：在程序中，如果两条指令访问同一个寄存器或内存单元，且这两条指令中至少有一条是写该寄存器或内存单元的指令，则认定这两条指令存在数据相关。例如指令“add.w r5, r4, r3；”和指令“sub.w r7, r5, r6”是数据相关的，因为同时用到了 r5，且指令 sub.w 的执行依赖指令 add.w 执行对 r5 的写完成。

3.2.4 原子访存指令

原子访存指令用于确保对指定内存的“读 - 修改 - 写”操作序列执行的原子性（即从执行效果来看，读 - 修改 - 写整个过程不可分割且不会被中断）。其中修改动作可以包括对两个源操作数的交换、加法运算、与、或、异或、取最大值、取最小值，甚至自定义的动作等。LoongArch 支持的原子访存指令有两类：内存原子操作（Atomic Memory Operation，AMO）和连锁加载 / 条件存储（Load-Linked/Store-Conditional，LL-SC），具体指令如表 3-8 所示。

表 3-8 LoongArch 支持的原子访存指令

指令格式	功能简述
amswap.w rd, rk, rj	32/64 位交换（赋值）。 将 rk 的值写入内存地址 rj，内存地址 rj 旧值存入 rd。 rd = rj; rj=rk
amswap.d rd, rk, rj	
amswap_db.w rd, rk, rj	
amswap_db.d rd, rk, rj	
amadd.w rd, rk, rj	32/64 位加法。 rd = rj; rj=rk+rj
amadd.d rd, rk, rj	
amadd_db.w rd, rk, rj	
amadd_db.d rd, rk, rj	
amand.w rd, rk, rj	32/64 位与。 rd = rj; rj=rk&rj
amand.d rd, rk, rj	
amand_db.w rd, rk, rj	
amand_db.d rd, rk, rj	
amor.w rd, rk, rj	32/64 位或。 rd = rj; rj=rk|rj
amor.d rd, rk, rj	
amor_db.w rd, rk, rj	
amor_db.d rd, rk, rj	
amxor.w rd, rk, rj	32/64 位异或。 rd = rj; rj=rk^rj
amxor.d rd, rk, rj	
amxor_db.w rd, rk, rj	
amxor_db.d rd, rk, rj	
ammax.w rd, rk, rj	32/64 位取最大值。 rd = rj; rj=max(rk,rj)
ammax.d rd, rk, rj	
ammax_db.w rd, rk, rj	
ammax_db.d rd, rk, rj	
ammax.wu rd, rk, rj	32/64 位取最大值。 无符号操作数
ammax.du rd, rk, rj	
ammax_db.wu rd, rk, rj	
ammax_db.du rd, rk, rj	

续表

指令格式	功能简述
ammin.w rd, rk, rj	32/64 位取最小值。 rd = rj; rj=min(rk,rj)
ammin.d rd, rk, rj	
ammin_db.w rd, rk, rj	
ammin_db.d rd, rk, rj	
ammin.wu rd, rk, rj	32/64 位取最小值。 无符合操作数
ammin.du rd, rk, rj	
ammin_db.wu rd, rk, rj	
ammin_db.du rd, rk, rj	
ll.w rd, rj, si14	ll 和 sc 这两对指令一同实现原子的“读 - 修改 - 写”
ll.d rd, rj, si14	
sc.w rd, rj, si14	
sc.d rd, rj, si14	

在表 3-8 中，AMO 指令中寄存器 rj 为目的寄存器，存放待操作的内存地址，rj 的旧值保存到 rd，rj 的新值来自 rj 旧值和 rk 的某种运算。具体的运算包括数据交换（amswap）、加法运算（amadd）、与（amand）、或（amor）、异或（amxor）、取最大值（ammax）、取最小值（ammin）。

AMO 中带 _db 标识的指令，例如 amswap_db.w、amor_db.d 等，除了可以完成原子内存操作外，还能实现数据栅障功能。即当此 AMO 指令被允许执行之前，所有同一处理器核中先于该指令的访存操作都已经完成；只有等此 AMO 指令完成后，所有同一处理器核中后于该指令的访存操作才被允许执行。此类栅障效果也被称为完全栅障，即前面提到的 AnyAny 类型。

LL-SC 中的 ll.w、ll.d 用于从指定内存（地址为 rj+si14）加载一个字、双字的数据到寄存器 rd，同时记录这个内存地址并置上一个标记（LLbit 置为 1）；sc.w、sc.d 用于将寄存器 rd 的值写回指定内存（地址为 rj+si14），此指令执行时会查看标记 LLbit 且仅当 LLbit 为 1 时才真正产生写动作并将寄存器 rd 置 1，否则不写并将寄存器 rd 置 0 来表明写失败。在配对的 LL-SC 执行期间，当其他处理器核对该地址执行了写操作时会导致 LLbit 置 0。

下面分别说明两类原子访存指令的使用方法和注意事项。

1. 连锁加载 / 条件存储（LL-SC）

LL-SC 对一个内存单元的原子操作的维护需要软件来完成。当软件一定需要成功完成一个原子的“读 - 修改 - 写”访存操作序列时，需要构建一个循环来反复执行 LL-SC 原子指令对，直到指令 sc 成功完成。为了构建这个循环，指令 sc 会将其执行成功与否的标志写入寄存器 rd，具体示例如下。

【例 3.23】 使用 LL-SC 实现 a=a+1 的原子操作

```
1:                      # label 1
    ll.w    r4, &a      # 加载内存数据（a）到寄存器 r4
    addi.w r6, r4, 1    # 加 1
    sc.w    r6, &a      # 结果写回内存
    beqz    r6, 1b      # 如果写回失败（r6 为 0）则跳转到 label 1，重复读 - 修改 - 写
```

这 4 条指令构成了一个循环，使得当 sc.w 写回内存失败后就继续前向跳转执行指令 ll.w、addi.w、sc.w。

什么情况下需要对 a=a+1 进行原子操作呢？什么时候 sc 会写回失败呢？这里还是用一个示例来说明。假定有两个线程都实现对同一个共享变量 a 进行加 1 操作，那么每个线程对此过程是相同的，都需要 3 条指令完成。

线程 1	线程 2
ld.w r4, addr(a) addi.w r5, r4, 1 st.w r5, addr(a)	ld.w r4, addr(a) addi.w r5, r4, 1 st.w r5, addr(a)

假定两个线程都被执行了一次，如果 a 的初始值为 3，那么我们所期望的结果应该是 5。而实际结果可能是 5 也可能是 4。结果为 5 时的指令执行序列应该是线程 1 完整执行完后线程 2 再完整执行，或者线程 2 完整执行完后线程 1 再完整执行，示例如下：

线程 1	线程 2
ld.w r4, addr(a)	--
addi.w r5, r4, 1	--
st.w r5, addr(a)	--
--	ld.w r4, addr(a)
--	addi.w r5, r4, 1
--	st.w r5, addr(a)

当线程 1 和线程 2 中的 3 条指令没有完整执行时，结果就会为 4。这时可能的执行序列如下：

线程 1	线程 2
ld.w r4, addr(a)	--
--	ld.w r4, addr(a)
--	addi.w r5, r4, 1
--	st.w r5, addr(a)
addi.w r5, r4, 1	--
st.w r5, addr(a)	--

从上面的指令执行序列的时间线来看，首先线程 1 执行 ld 指令完成加载 a 到寄存器 r4，然后线程被中断，切换到线程 2 执行。线程 2 完整执行了 3 条指令实现 a（旧值为 3）+1，结果 a=4，

然后线程 2 被中断。线程 1 再次被执行，此时线程 1 无法感知到变量 a 的值已经被更新，寄存器 r4 里存放的还是 a 的旧值 3，故后面两条指令执行完后 a 还是 4。

对于这种对数据同步有要求的情况，就可以使用示例中 LL-SC 原子访存指令对来保证对变量 a 的“读 - 修改 - 写”的原子性。使用 LL-SC 原子访存指令对实现 a=a+1 操作时，如果遇到了上述执行结果为 4 的指令执行序列时，逻辑如下：

线程 1	线程 2
`L: ll.w r4, addr(a)`	`--`
`--`	`L: ll.w r4, addr(a)`
`--`	`addi.w r5, r4, 1`
`--`	`sc.w r5, addr(a)   # 写回成功`
`--`	`beqz r5, L`
`addi.w r5, r4, 1`	`--`
`sc.w r5, addr(a) # 写回失败`	`--`
`beqz r5, L       # 跳转到 L 重新读 - 修改 - 写`	

2. 内存原子操作（AMO）

AMO 指令涵盖了大部分的简短且常用的运算，对于前文使用 LL-SC 原子访存指令对实现 a=a+1 的原子操作，使用 AMO 指令更简单方便。

【备注】AMO 指令仅在 LA64 架构下被支持。

【例 3.24】 使用 amadd 指令实现一个整型 a=a+1 的原子操作

```
li.w     r2, 1              # 加载立即数 1
li.w     r4, &a             # 加载变量 a 的地址
amadd.w r0, r2, r4          #  a=a+1 并写回 a 的地址。旧值不做保存故使用寄存器 r0
```

这里变量 a 所在地址保存在寄存器 r4。立即数 1 在寄存器 r2，因为不需要保留旧值，故 rd 寄存器使用 r0（其值永远为 0）。指令执行后，寄存器 r2 的值和寄存器 r4 中的旧值相加，并写回寄存器 r4 所指地址，即变量 a 的值为 a+1。

注意 AMO 仅支持 32 位和 64 位数据的简单算术和逻辑原子运算。对于 8 位、16 位数据的原子运算或者要实现更复杂一些的原子操作时，只能用 LL-SC 原子访存指令对来实现相应的功能。

【备注】对于原子访存指令需要注意的是，rd 和 rj 的寄存器号不能相同，rd 和 rk 的寄存器号也不能相同，否则会触发例外或执行结果不确定。

表 3-8 中带 _db 标识的 AMO 指令，可以用来对【例 3.22】中数据栅障的使用方法进行优化，以实现一些程序性能上的提升。即原始指令序列为

```
# 写进程
    st.d val, data
    dbar 0                  # 确保其前后两条访存指令的顺序执行
    st.d 1, tag
```

优化后的指令如下：

```
st.d          val, data
amswap_db_d   r0, 1, tag
```

3.3 转移指令

转移指令用于执行有条件或无条件的分支跳转、函数调用、函数返回和循环等。LoongArch 支持的转移指令如表 3-9 所示。

表 3-9 LoongArch 支持的转移指令

<table>
<tr><th>指令格式</th><th colspan="2">功能简述</th></tr>
<tr><td>beq rj, rd, offs16</td><td rowspan="10">相对于 PC 的分支转移</td><td>if(rj == rd) PC = PC + offs16<<2</td></tr>
<tr><td>bne rj, rd, offs16</td><td>if(rj != rd) PC = PC + offs16<<2</td></tr>
<tr><td>blt rj, rd, offs16</td><td>if(rj < rd) PC = PC + offs16<<2</td></tr>
<tr><td>bge rj, rd, offs16</td><td>if(rj >= rd) PC = PC + offs16<<2</td></tr>
<tr><td>bltu rj, rd, offs16</td><td>if(unsigned rj < unsigned rd) PC = PC + offs16<<2</td></tr>
<tr><td>bgeu rj, rd, offs16</td><td>if(unsigned rj >= unsigned rd) PC = PC + offs16<<2</td></tr>
<tr><td>beqz rj, offs21</td><td>if(rj == 0) PC = PC + offs21<<2</td></tr>
<tr><td>bnez rj, offs21</td><td>if(rj ! = 0) PC = PC + offs21<<2</td></tr>
<tr><td>b offs26</td><td>PC = PC + offs26<<2</td></tr>
<tr><td>bl offs26</td><td>r1 = PC+4 ; PC = PC + offs26<<2</td></tr>
<tr><td>jirl rd, rj, offs16</td><td>绝对跳转</td><td>rd = PC+4 ; PC = rj + offs16<<2</td></tr>
</table>

在表 3-9 中，转移指令助记符有两种命名法：相对跳转（地址计算依赖于 PC 值），称为“分支”(Branch)，助记符以 b 开头；绝对跳转（地址计算不依赖 PC 值），称为“跳转”（Jump），助记符以 j 开头。

这里 PC 为程序计数器，用于控制程序中指令的执行顺序。程序正常运行时，PC 总是指向 CPU 运行的下一条指令。当 CPU 取指下一条指令后，会自动修改 PC 值使其指向再下一条指令，从而保证指令一条一条地执行下去。当程序执行顺序发生改变（跳转）时，就需要提前修改 PC 值，使其指向接下来要跳转的目的指令地址。

表 3-9 中的转移指令可以拆分成有条件的分支指令、无条件分支指令和跳转指令、跳转范围几方面来详细说明。

3.3.1 有条件的分支指令

表 3-9 中，beq、bne、blt、bge、bltu、bgeu、beqz、bnez 都是有条件的相对跳转指令，当条件成立后，跳转到目标地址，否则不跳转。目标地址的计算方式为指令码中的立即数

（offs16 或 offs21）逻辑左移 2 位后再进行符号扩展，所得偏移值加上该分支指令的 PC。条件分别为等于（eq）、不等于（ne）、小于（lt/ltu）、大于或等于（ge/geu）、等于零（eqz）、不等于零（nez），其中 ltu、geu 表示比较条件为无符号操作数。

有条件的分支指令常用在函数内部的程序流控制方面，类似 C 语言中的 if-else、do-while、for 循环等分支语句。具体示例如下。

【例 3.25】 用汇编指令实现下面 C 语言中的程序流控制

```
if ( a == 0) b++;          // 如果整型变量 a 等于 0，则整型变量 b 加 1
else b--;                  // 否则 b 减 1
```

此功能对应的 LoongArch 汇编指令如下：

```
beqz     r4, 8
addi.w   r5, r5, -1    # b--
b 4
addi.w   r5, r5, 1     # b++
nop
```

这里假设变量 a 和 b 分别存放在寄存器 r4 和 r5。第一条指令“beqz　r4, 8”用来判断变量 a 是否等于 0。如果 a 等于 0，则跳转到指令“addi.w　r5, r5, 1” 完成 b++ 操作；否则不跳转，继续执行指令“addi.w　r5, r5 -1”完成 b-- 操作，然后通过指令“b 4”无条件跳过 b++ 操作。

3.3.2 无条件分支指令和跳转指令

在表 3-9 中，指令 b、bl 都为无条件分支指令，用于实现无条件跳转到目标地址。这里目标地址的计算是先将指令码中的 26 位立即数 offs26 逻辑左移 2 位后再进行符号扩展，然后将所得偏移值加上该分支指令的 PC。指令 b 和指令 bl 的区别在于 bl 是带链接的无条件分支指令（Branch and Link），即跳转之前需要将该指令的 PC 值加 4 的结果写到寄存器 r1 中。

在表 3-9 中，指令 jirl 为无条件跳转指令，也用于实现无条件跳转到目标地址。这里的目标地址的计算是先将指令码中的 16 位立即数 offs16 逻辑左移 2 位后再进行符号扩展，然后将所得的偏移值加上寄存器 rj 中的值。指令中的“ir”分别代表立即数（Immediate）和寄存器（Register），表示这条指令跳转的目标地址基于寄存器 + 立即数（绝对跳转）而非 PC。指令中的“l”代表带链接的无条件跳转（Jump and Link），即表示跳转的同时需要将该指令的 PC 值加 4 的结果写入寄存器 rd 中。

在 LoongArch ABI 中，寄存器 r1 被规定作为返回地址寄存器 ra。关于 LoongArch ABI，后面章节会详细介绍。

分支指令 bl 通常被用作函数调用，跳转指令 jirl 通常被用作函数返回。

【例 3.26】 用汇编指令实现 C 语言中的函数调用和函数返回

```
    int add(int a, int b){          // 实现两个数的加法运算
        return a+b;
    }

int main(){
    add(1, 2);                  // 调用函数 add，实现 1+2
}
```

此功能对应的 LoongArch 汇编指令如下：

```
add:
    ...
    add.w r4, r4, r5        # a+b
    jirl      r0, r1, 0     # 函数返回，寄存器 r1 存放函数的返回地址

main:
    ...
    bl      add             # 调用函数 add
    ...
    jirl     r0,   r1, 0    #main 函数返回，寄存器 r1 存放函数的返回地址
```

函数 main 中的指令 bl 在跳转到函数 add 之前，会将其下一条指令的地址（PC+4）写入寄存器 r1。函数 add 中的最后一条指令 jirl 跳转的目标地址为 r1（r1+0），意味着跳转到其被调用处（即函数 main 中指令 bl 的下一条指令位置）。jirl 跳转的同时将其下一条指令地址写入寄存器 rd 中，这里寄存器 rd 使用的是 0 号寄存器（r0 值永远为 0），即代表此时 jirl 为一条普通的非调用间接跳转指令。

【备注】这里指令“bl add”也是一条宏指令（即仅被编译器识别并最终翻译成真实的汇编指令），此处 add 为标签（Label），在编译器的链接阶段会被替换为具体的目标地址。

3.3.3 跳转范围

表 3-9 中的分支指令 beq、 bne、 blt、bltu、bge、bgeu 的偏移量为 offs16，地址计算时还要对其进行左移 2 位，共 18 位，所以可以达到的相对跳转范围是 [PC-128K, PC+128K]；无条件分支指令 b、bl 的地址偏移量为 offs26，地址计算时也要对此进行左移 2 位，共 28 位，可以达到的相对跳转范围为 [PC-128M, PC+128M]。这个跳转范围和 ARM 架构中相对跳转范围相同，且相比之前的其他架构，如 MIPS 架构的无条件相对跳转范围为 [-128K, 128K]，跳转范围大了很多。

跳转范围的增大可以减少地址加载所带来的指令开销。举例说明如下：假设程序中需要无条件跳转到范围 [PC-128M, PC+128M] 中的一个地址（比如偏移量为 0x40），那么仅需要一条分支

指令 b 即可完成这个跳转，如下：

```
b 0x10   # 跳转到目标地址 PC+0x40 ( 0x10<<2)
```

但是当要跳转的地址偏移量超出了这个范围时，将无法通过一条分支指令完成跳转。那么需要先把目标地址（PC+ 偏移量）加载到一个寄存器，再使用绝对跳转指令 jirl 完成跳转，如下：

```
li      r7, (PC+offsets)          # 加载目标地址到寄存器 r7
jirl    r0, r7, 0                 # 跳转到目标地址 (r7+0)
```

根据常量 (PC+offsets) 的大小不同，宏指令 li 最终会被编译器扩展成 1 ~ 4 条汇编指令。

3.4 其他杂项指令

除了本章列举的运算指令、访存指令、转移指令之外，LoongArch 中还有几条实现特殊功能且使用频率很高的指令。LoongArch 支持的其他杂项指令如表 3-10 所示。

表 3-10　LoongArch 支持的其他杂项指令

指令格式	功能简述
syscall　code	系统调用
break　code	断点例外
asrtle.d rj, rk	当寄存器 rj 中的值小于或等于 (le)/ 大于 (gt) 寄存器 rk 的条件不成立时，触发例外
asrtgt.d rj, rk	
rdtimel.w rd, rj	读取恒定频率计时器信息
rdtimeh.w rd, rj	
rdtime.d rd, rj	
cpucfg rd, rj	读取 CPU 特性
crc.w.b.w rd, rj, rk	CRC。将寄存器 rk 中旧值和寄存器 rj 中 [7:0]/[15:0]/[31:0]/[63:0] 位的消息，再次进行 CRC-32 校验，将结果写入寄存器 rd。 使用 IEEE 802.3 多项式（值为 0xEDB88320）
crc.w.h.w rd, rj, rk	
crc.w.w.w rd, rj, rk	
crc.w.d.w rd, rj, rk	
crcc.w.b.w rd, rj, rk	CRC。将寄存器 rk 中旧值和寄存器 rj 中 [7:0]/[15:0]/[31:0]/[63:0] 位的消息，再次进行 CRC-32 校验，将结果写入寄存器 rd。 使用 Castagnoli 多项式（值为 0x82F63B78）
crcc.w.h.w rd, rj, rk	
crcc.w.w.w rd, rj, rk	
crcc.w.d.w rd, rj, rk	

表 3-10 中列举了几种不同功能的指令，下面进行详细介绍。

3.4.1 系统调用指令

处理器执行 syscall 指令将立即无条件触发系统调用例外，使程序进入内核态。操作数 code

所携带的信息可供例外处理例程作为所传递的参数使用，一般为0即可。使用系统调用指令 syscall 可以实现对内核接口函数的调用。

【例 3.27】 通过系统调用指令实现用户进程退出功能

内核提供的进程退出功能接口函数为 sys_exit(int error_code)，LoongArch ABI 规定此函数的系统调用号为 93，使用寄存器 r11 来传递系统调用号，r4~r10 来传递系统调用参数。实现 sys_exit 系统调用的指令如下：

```
li.w      r11, 93        # 加载系统调用号 93 到寄存器 r11
li.w      r4, 0          # 将错误码值 0 作为第一个参数，加载到寄存器 r4
syscall 0                # 系统调用，程序陷入内核态
```

处理器执行指令"syscall 0"后系统会进入内核态并执行内核里实现的 sys_exit() 函数，从而完成退出当前用户进程的功能。从用户角度来看其功能相当于执行了 libc 库中的 exit(0) 函数。

更多内核提供的接口功能和其系统调用号可以通过头文件 unistd.h 来获得。在后面的章节也会有更详细的系统调用规则介绍。

3.4.2 断点例外指令

断点例外指令 break 用于无条件地触发断点例外。指令码中的 code 域携带的信息为例外类型，具体类型定义在当前操作系统的 break.h 文件。在调试汇编指令代码时，break 指令是很有用的调试手段。

【例 3.28】 在源代码中插入一个 code 值为 5 的中断指令

```
break 5
```

程序执行到这条指令时，就会收到一个 SIGTRAP 信号，提示信息为"Trace/breakpoint trap"，同时程序会停到当前指令位置。我们常用的 GDB 调试工具中，软件断点功能就是通过 break 指令来实现的。

3.4.3 读取恒定频率计时器信息指令

龙芯指令系统定义了 64 位的恒定频率计时器，称为 StableCounter。每个恒定频率计时器都有一个软件可配置的全局唯一编号，称为 CounterID。每个处理器核都会对应一个恒定频率计时器。例如龙芯 3A5000 系列处理器有 4 个核，故 CounterID 编号对应的范围为 0 ~ 3。指令"rdtime.d rd, rj"用于读取 StableCounter 值并写入寄存器 rd，将 CounterID 信息写入寄存器 rj 中。指令"rdtimel.w rd, rj"和"rdtimeh.w rd, rj"用在 LA32 架构上，分别用于读取 StableCounter 的低 32 位和高 32 位到各自的寄存器 rd。

【例 3.29】 在龙芯 3A5000 上读取当前程序所在核的恒定频率

```
rdtime.d r7, r8
```

龙芯 3A5000 处理器为 LA64 架构，故使用 rdtime.d 即可。假设此条指令所在进程运行在处理器核 1 上，那么指令执行完毕后，寄存器 r8 的值将是 1，而寄存器 r7 的值将是处理器核 1 上计时器的当前值。

3.4.4 读取 CPU 特性指令

软件在执行过程中所运行的处理器中实现了龙芯架构中的哪些特性，可通过指令 cpucfg 动态识别。这些特性记录在一系列配置信息字中。cpucfg 指令一次可以根据配置字号读取一组配置信息。龙芯架构支持的 cpucfg 部分配置字号和对应的配置信息如表 3-11 所示。

表 3-11 龙芯架构支持的 cpucfg 部分配置字号和对应的配置信息

字号	位下标	助记名称	含义
0	31:0	PRID	处理器标识
1	1:0	ARCH	00 表示 LA32 精简架构，01 表示 LA32 架构，10 表示 LA64 架构
	2	PGMMU	为 1 表示 MMU 支持页映射模式
	3	IOCSR	为 1 表示支持 IOCSR 指令
	11:4	PALEN	所支持的物理地址位数 PALEN 值减 1
	19:12	VALEN	所支持的虚拟地址位数 VALEN 值减 1
	20	VAL	为 1 表示支持非对齐访问
	21	RI	为 1 表示支持读禁止页属性

每个配置字号都为 32 位，用于包含一个或多个不同的 CPU 特性。例如字号 0 包含一个特性，即处理器标识，位下标为 [31:0]，其助记名称为 PRID；字号 1 包含多个 CPU 特性，每个特性存放在不同的位上，例如位下标 [1:0] 包含架构类型信息，位下标 [2] 包含当前 MMU 是否支持页映射模式信息等。在“cpucfg rd, rj”指令中，寄存器 rj 存放待访问的配置字号，指令执行后所读取的配置信息写入寄存器 rd 中。

【例 3.30】 获取当前处理器是否支持非对齐访问

```
li.w     r4, 1      # 加载配置字号 1 到寄存器 r4
cpucfg   r5, r4     # 读取配置字号 1 对应的配置信息到寄存器 r5
```

通过表 3-11 得知，是否支持非对齐访存信息存放在字号为 1 的位下标 [20] 处，首先获取字号 1 的全 32 位，信息获取后将其写入寄存器 r5。再根据 r5 的第 20 位判断是否支持非对齐访问，如果此位为 1 则表示当前架构支持非对齐访存，否则为不支持。

龙芯架构中 cpucfg 全部可访问的配置信息请参阅龙芯架构参考手册。

3.4.5 CRC 指令

CRC（Cyclic Redundancy Check，循环冗余校验）是用于验证批量数据正确性的一种数据检错算法，有软件实现（C/C++ 语言实现），也有硬件实现（体系架构指令支持）。龙芯基础指令集支持两种类型的 32 位 CRC 指令，分别是 IEEE 802.3 多项式和 Castagnoli 多项式，用于加速数据的检错。

【备注】CRC 指令仅在 LA64 架构下支持。

【例 3.31】 使用 IEEE 802.3 多项式对一个 byte 数组内的所有数据进行 CRC

```
loop:
    ld.b       tmp, buf, 0      # 从内存地址（buf+0）加载一字节到寄存器 tmp
    crc.w.b.w crc, tmp, crc     # 对寄存器 crc 与寄存器 tmp 进行 CRC，将结果写回寄存器 crc
    addi.d     buf, buf, 1      # 地址加 1
    addi.d     len, len, -1     # 数组长度减 1
    blt        R0,    len, loop    # 如果数组没有完成，跳到 loop 继续执行
```

这里使用一个循环，对数组内的每个字节逐一进行 CRC 累积运算。其中 tmp、buf、crc、len 是寄存器 r1~r31 中任意一个的别名。寄存器 buf 初始值为数组的起始地址；寄存器 len 代表数组的长度；寄存器 crc 用于存放累积的 CRC 的校验和，其初始值可设为 0。这里通过一个循环来完成对数组 buf 中全部字节的 32 位累积 CRC 的校验和。其中指令“crc.w.b.w crc, tmp, crc”使用 IEEE 802.3 多项式，实现将寄存器 crc 的 32 位累积的 CRC 的校验和与寄存器 tmp[7:0]，根据 CRC32 校验和生成算法得到新的 32 位 CRC 的校验和，将结果进行符号扩展后写回寄存器 crc。

3.4.6 地址边界检查指令

表 3-10 中的指令“asrtle.d rj, rk”和“asrtgt.d rj, rk”用于验证地址边界的合法性，即将操作数 rj 和 rk 视作有符号数进行比较，如果比较条件不成立则触发地址边界检查例外。这里比较的条件包括小于或等于（le）、大于（gt）。当程序处于调试阶段时，使用这两条指令可以有助于快速定位问题。

【备注】地址边界检查指令仅在 LA64 架构下被支持。

3.5 特权等级和特权指令概述

现代软件系统为了接口上的安全，一般都采用分层、分模块设计和管理。不同层级和模块被赋予对处理器或其他硬件设备资源不同的访问权限，即不同的特权等级（Privilege Level，PLV）。简单的分层和分模块软件系统设计如图 3-2 所示。

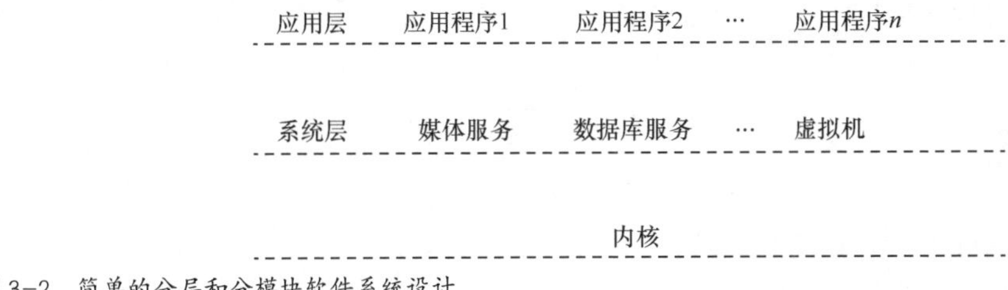

图 3-2 简单的分层和分模块软件系统设计

通常来说，越是靠近底层的模块，特权等级越高，能获取的资源等级或权限也越高。龙芯架构中处理器核分为 4 个特权等级，分别为 PLV0 ~ PLV3。其中 PLV0 是具有最高权限的特权等级，也是唯一可以使用特权指令并访问所有特权资源的特权等级。PLV1 ~ PLV3 这 3 个特权等级在 MMU 采用映射地址翻译模式下具有不同的访问权限。对 Linux 系统来说，仅 PLV0 级可对应核心态，同时建议以 PLV3 级对应用户态。

特权指令指的是具有特殊权限的指令，用于操作系统或其他系统软件完成特殊功能，例如改变系统工作方式，检测用户的访问权限，修改虚拟存储器管理的段表、页表，完成任务的创建和切换等，一般不直接提供给普通用户使用。龙芯基础指令集支持的特权指令有 CSR（Control and Status Register，控制状态寄存器）访问指令，用于软件访问 CSR，包括读 / 写 / 修改 CSR、IOCSR 访问指令、Cache 维护指令（用于 Cache 的初始化和 Cache 一致性维护）、TLB（Translation Lookaside Buffer, 转译后备缓冲器）维护指令（用于 TLB 表的维护）、软件页表遍历指令（用于在软件页表遍历过程中的目录项和页表项的访问）和其他特权杂项指令（包括从例外处理返回、进入调试模式和停止取指进入等待 IDLE 状态）。

例如要获取当前进程运行在哪个处理器核上，可以通过 CSR 访问指令读取处理器编号（CPUID）控制状态寄存器来得知，指令如下：

```
csrrd r7, 0x20
```

这里 CSR 访问指令 csrrd 用于读取某个 CSR 寄存器信息，0x20 为处理器编号 CPUID 控制寄存器的地址。处理器编号用于软件在多核系统中区分各个处理器核。通常处理器核号从 0 开始递增编号，例如龙芯 3A5000 处理器为 4 核，故 CPUID 分别为 0、1、2、3。

通常情况下，特权指令仅在 PLV0 特权等级下才能访问，故应用软件开发者在平时使用它的机会很少。当需要了解各种特权指令的详细说明和控制寄存器信息时，读者查阅龙芯架构参考手册即可。

3.6 本章小结

本章按照功能分类，对龙芯基础指令集中的整数指令部分做了介绍，其中对运算指令、访存指令、转移指令做了重点介绍，并辅以大量的相关示例来说明指令的功能和其可能被使用的场景。我们可以简单地理解 LA32 是 LA64 的子集，LA32 架构上支持的指令适用于 LA64，但是有部分指令仅在 LA64 架构上被支持，文中在相关位置也做了说明。本章最后对特权指令做了简单介绍，更详细的内容可以查看龙芯架构参考手册的相关章节。

3.7 习题

1. LoongArch 中的寻址方式有哪几种?

2. 在 LA64 架构下，执行下列指令后，寄存器 r5 的值是多少？

```
li.d  r4, 0x7fffffff
add.w r5, r4, r4
```

3. 针对如下 C 语言循环语句，编写其对应的汇编指令。

```
for (int i = 0, i < 100; i++) a[i] +=2;
```

4. 编写用于读取当前处理器是否支持硬件对齐信息的汇编指令。

5. 使用指令 crc.w.d.w 编写一个更加高效的 CRC 程序。

6. 位操作指令仅在 LA64 架构上支持，那么在 LA32 架构上同样的功能该如何实现呢？可举例说明。

7. 如何保证多线程之间对同一共享区域内数据的正确读写？

8. LoongArch 中的跳转指令有几类？分别是什么？

9. LoongArch 中的预取指令是什么？请写出预取指定内存地址的 128 位数据的汇编指令？

10. 简述 LoongArch 中原子访存指令 AMO 和 LL-SC 使用上的区别。

第 04 章

LoongArch 基础浮点数指令集

龙芯架构中的基础浮点数指令的功能定义遵循 IEEE 754-2008 标准规范。IEEE 754-2008 是 IEEE 二进制浮点数标准的标准编号，制定了计算机编程环境下，二进制和十进制浮点数的存储方式、精度范围、浮点异常类型和向用户指示发生异常类型的条件，以及舍入精度的规范和标准。标准本身是与硬件无关的，但遵守标准无疑可以增强浮点代码在不同架构计算机之间的可移植性。

4.1 浮点数存储方式和数值范围

计算机中的数据均是按二进制的方式存储的，但是由于浮点数的特殊性，无法采用整数的补码存储方式，故 IEEE 规定了两种基本的浮点数格式：单精度和双精度。单精度浮点数（对应 C 语言数据类型 float）的宽度为 32 位，双精度浮点数（对应 C 语言数据类型 double）的宽度为 64 位。它们的组织格式如图 4-1 所示。

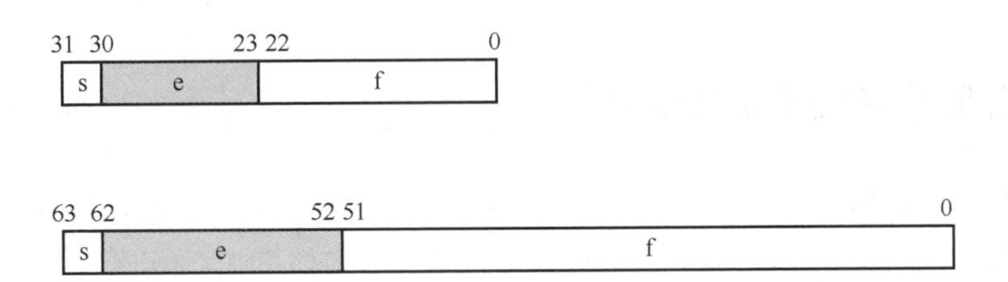

图 4-1 单精度浮点数和双精度浮点数的组织格式

即单精度浮点数由 1 位符号 s（0 表示整数，1 表示负数）、8 位偏置指数 e、23 位小数 f 这 3 部分组成，双精度浮点数由 1 位符号 s、11 位偏置指数 e、52 位小数 f 这 3 部分组成。根据偏置指数 e 值的不同，浮点数的计算方式和表示的数值范围也会不同，具体可以分为以下 3 类。

4.1.1 规格化的值

这是最普遍的情况，即当偏置指数 e 区域既不全为 0 也不全为 1（单精度浮点数数值为 0xFF，双精度浮点数数值为 0x7FF）时，如图 4-2 所示，将其计算出来的浮点数值定义为规格化的值。此时浮点数的计算公式为

单精度浮点数：$(-1)^s \times 2^{e-127} \times 1.f$

双精度浮点数：$(-1)^s \times 2^{e-1023} \times 1.f$

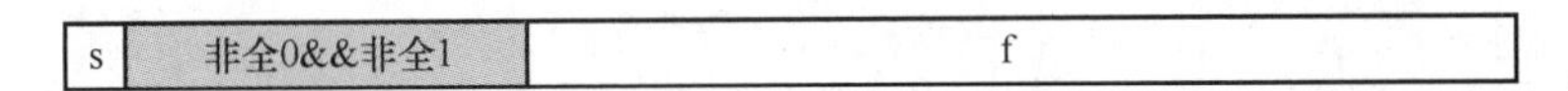

图 4-2 e 区域既不全为 0 也不全为 1

比如某一个浮点寄存器低 32 位中存放的二进制值为

0100 0000 1011 1000 0000 0000 0000 0000

||__________|____________________________________|

s e(8 位) f(23 位)

按上面的单精度浮点数计算公式可以得出其对应的十进制浮点数约为 5.75 。其中 s 为 0、e 为 129（二进制 10000001）、f 为 3670016（二进制 011 1000 0000 0000 0000 0000）。

4.1.2 非规格化的值

当偏置指数 e 区域全为 0 时，如图 4-3 所示，其所表示的数称为非规格化的值，可用来表示

数值 0 和无穷小。具体来说，当 f 全为 0 时，如果 s 位为 1 则表示 +0.0，否则表示 -0.0；当 f 不全为 0 时，浮点数计算公式为

$(-1)^s \times 2^{-126} \times 0.f$

此时无论 f 区域存放的是什么，得到的都是一个非常接近 0 的数值。

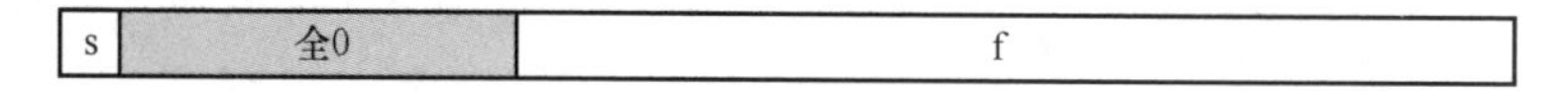

图 4-3 e 区域全为 0

4.1.3 正负无穷大或者 NaN

当偏量指数 e 区域全为 1 时，可以表示的浮点数是无穷大或者非数字（Not a Number，NaN），如图 4-4 所示。具体来说，当 f 全为 0 时，如果 s 位为 1 则表示正无穷大 +INF，否则表示负无穷大 -INF；当 f 不全为 0 时，结果值被称为 NaN。当一些运算的结果不能是实数或无穷大时，则会返回这样的 NaN 值。

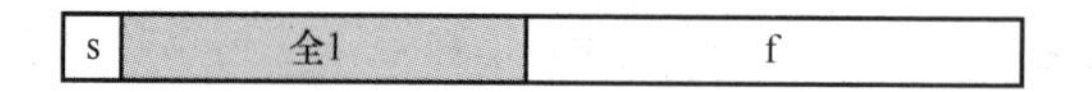

图 4-4 e 区域全为 1

4.2 浮点寄存器

浮点数指令集中涉及的寄存器有 3 类：作为指令操作数的浮点寄存器（FR），保存浮点比较指令结果的条件标志寄存器（CFR），以及用于存放浮点运算非法操作、除零、溢出等异常状态的浮点控制状态寄存器（FCSR）。

4.2.1 浮点寄存器

浮点寄存器（FR）共有 32 个，记为 f0~f31。通常情况下，FR 的位宽为 64 位，当浮点寄存器中记录的是一个单精度浮点数或者整数时，数据存放在浮点寄存器的低 32 位 [31:0] 上，而浮点寄存器的高 32 位 [63:32] 可以是任意值。

4.2.2 条件标志寄存器

条件标志寄存器（CFR）共有 8 个，记为 fcc0~fcc7。CFR 的位宽为 1 位，用于存放浮点比较指令的执行结果，以供程序后面浮点分支指令的条件判断。

龙芯架构中的浮点运算单元提供了 8 个条件标志寄存器，这为软件层面的程序优化提供了方便。例如现代编译系统有很多独立于机器的优化技术，其中一个是循环展开，即当遇到带循环的浮点数组计算时，可以将循环展开，将相继几次循环的计算有意相互交错，以最大限度地利用浮点单元和浮点寄存器，并减少循环迭代次数。但如果循环体内有分支指令，那么单个条件位就不够用了。这

时候多个条件位可以帮助解决这个问题。

4.2.3　浮点控制状态寄存器

浮点控制状态寄存器（FCSR）共有 4 个，记为 fcsr0~fcsr3。FCSR 的位宽为 32 位，其中 fcsr0~fcsr3 是 fcsr0 中部分域的别名。fcsr0 的各个域的定义如表 4-1 所示。

表 4-1　fcsr0 的各个域的定义

位	名字	别名	读写	描述
4:0	Enable	fcsr1	RW	依次对应浮点例外的使能位
7:5	0		R	保留域
9:8	RM	fcsr3	RW	舍入模式控制
15:10	0		R	保留域
20:16	Flag	fcsr2	RW	自上次 Flag 域被置位后，各类产生但未陷入浮点例外的累计情况
23:21	0		R	保留域
28:24	Cause	fcsr2	RW	记录最近一次浮点操作产生的浮点例外信息
31:29	0		R	保留域

表 4-1 中浮点例外是指当浮点运算单元不能以常规的方式处理操作数或者浮点计算结果时产生的例外，LoongArch 基础浮点数指令支持 5 个 IEEE 754-2008 所定义的浮点例外。

- 不精确（Inexact，记为 I）：当 FPU 在执行浮点指令时，发生舍入结果不精确或舍入结果上溢，且上溢例外的使能位没有置位时，触发此例外。
- 下溢（Underflow，记为 U）：当 FPU 检测到结果有一个非零微小值时，触发此例外。
- 上溢（Overflow，记为 O）：把指数看成无界的对中间结果进行舍入，当得到的结果的绝对值超过了目标格式的最大有限数时，触发此例外。
- 除零（Division by Zero，记为 Z）：当除法运算中的除数是 0，被除数是一个有限的非零数据时，触发此例外。例如 ln(0)、cos(0)、0^{-1}。
- 非法操作（Invalid Operation，记为 V）：对于将要执行的指令，其中一个或者两个操作数非法或无效时，触发此例外（NaN）。例如 0/0、∞ / ∞、(+ ∞)+(- ∞)、求负数平方根等。

fcsr0 中的 Cause 域的每一位对应上述的一个例外，而 fcsr0 中的 Enable 域（使能位）决定了例外产生时是触发一个例外陷入还是设置一个状态标志。即如果某个浮点例外对应的 Enable 域为 1（使能），当浮点例外发生时会触发浮点例外陷入；如果其对应的 Enable 域为 0（非使能），当浮点例外发生时不会触发浮点例外陷入，而仅将 Flag 域对应位置置 1。

4.3　浮点运算指令

在龙芯基础指令集中，浮点数指令按功能分为浮点运算指令、浮点访存指令、浮点比较指令、浮点分支指令、浮点转换指令和浮点搬运指令。

浮点运算指令包括基本的单 / 双精度浮点数的加、减、乘、除、乘加、乘减、最大值、最小值、绝对值、取反、开方、倒数等功能运算。LoongArch 支持的浮点运算指令及功能如表 4-2 所示。

表 4-2 LoongArch 支持的浮点运算指令及功能

指令格式	功能简述
fadd.s fd, fj, fk fadd.d fd, fj, fk fsub.s fd, fj, fk fsub.d fd, fj, fk fmul.s fd, fj, fk fmul.d fd, fj, fk fdiv.s fd, fj, fk fdiv.d fd, fj, fk	单 / 双精度浮点数的加、减、乘、除运算， fd = fj + fk； fd = fj − fk； fd = fj × fk； fd = fj / fk
fmadd.s fd, fj, fk, fa fmadd.d fd, fj, fk, fa fmsub.s fd, fj, fk, fa fmsub.d fd, fj, fk, fa	单 / 双精度浮点数的乘加、乘减运算， fd = fj × fk + fa； fd = fj × fk -fa
fnmadd.s fd, fj, fk, fa fnmadd.d fd, fj, fk, fa fnmsub.s fd, fj, fk, fa fnmsub.d fd, fj, fk, fa	单 / 双精度浮点数乘加、乘减并取反运算， fd = − (fj × fk) + fa； fd = − (fj × fk) − fa
fmax.s fd, fj, fk fmax.d fd, fj, fk	单 / 双精度浮点数取最大值，fd = max(fj , fk)
fmin.s fd, fj, fk fmin.d fd, fj, fk	单 / 双精度浮点数取最小值，fd = min(fj , fk)
fmaxa.s fd, fj, fk fmaxa.d fd, fj, fk	单 / 双精度浮点数取绝对数值的最大值，fd = max(fabs(fj) , fabs(fk))
fmina.s fd, fj, fk fmina.d fd, fj, fk	单 / 双精度浮点数取绝对数值的最小值，fd = min(fabs(fj) , fabs(fk))
fabs.s fd, fj fabs.d fd, fj	单 / 双精度浮点数取绝对值，fd = fabs(fj)
fneg.s fd, fj fneg.d fd, fj	单 / 双精度浮点数取反，fd = − fj
fsqrt.s fd, fj fsqrt.d fd, fj	单 / 双精度浮点数开方，fd = sqrt(fj)

续表

指令格式	功能简述
frecip.s fd, fj	单 / 双精度浮点数倒数，fd = 1 / fj
frecip.d fd, fj	
frsqrt.s fd, fj	单 / 双精度浮点数开方求倒数，fd = 1 / sqrt (fj)
frsqrt.d fd, fj	

在 LoongArch 中，浮点数指令的指令名都以“f”开头。每一条指令都有单精度版和双精度版，在指令名后缀中用“.s”和“.d”区分。.s 指令表示参与运算的操作数是低 32 位，.d 指令表示参与运算的操作数是 64 位。

表 4-2 中浮点寄存器 fd 代表目的操作数，浮点寄存器 fj、fk 代表两个源操作数，fd、fj、fk 可以是浮点寄存器 f0~f31 中的任意一个。接下来，列举几个小例子说明具体指令的使用方法。

【例 4.1】 单 / 双精度浮点数的加法运算

```
fadd.s f0, f2, f1      # 单精度浮点数加法，f0[31:0] = f2[31:0] + f1[31:0]
fadd.d f0, f2, f1      # 双精度浮点数加法，f0[63:0] = f2[63:0] + f1[63:0]
```

这两条指令分别实现两个单精度浮点数和两个双精度浮点数的加法运算，将结果写入浮点寄存器 f0。

【例 4.2】 双精度浮点数乘加运算

```
fmadd.d f0, f1, f2, f3     # 双精度浮点数乘加，f0 = f1*f2 + f3
```

这里的浮点数乘加指令是 LoongArch 中鲜有的四操作数指令，包括一个目的寄存器和 3 个源寄存器。实现类似 a = b * c + d 的先乘后加的运算功能，运算和舍入方式遵循 IEEE 754-2008 标准规范。

【备注】浮点运算指令没有带立即数的操作。所有浮点数运算都要先从内存加载操作数到浮点寄存器，运算之后根据情况将其保留在寄存器或者写回内存。这个过程涉及浮点访存指令。

4.4 浮点访存指令

浮点访存指令同第 03 章介绍的普通整数访存指令功能类似，实现对内存中数据的读操作（访问）或写操作（存储）。这里的数据通常为浮点类型，浮点访存指令没有原子访存指令，只分为浮点普通访存指令和浮点边界检查访存指令。

4.4.1 浮点普通访存指令

浮点普通访存指令实现从指定内存地址读取（访问）一个单精度浮点数或双精度浮点数到寄存器，以及写（存储）一个单精度浮点数或双精度浮点数到指定的内存地址。LoongArch 支持的浮点普通访存指令如表 4-3 所示。

表 4-3 LoongArch 支持的浮点普通访存指令

指令格式	功能简述
fld.s fd, rj, si12	从指定内存地址加载一个单 / 双精度浮点数到浮点寄存器 fd，内存地址计算方式为 rj+si12 或 rj+rk
fld.d fd, rj, si12	
fldx.s fd, rj, rk	
fldx.d fd, rj, rk	
fst.s fd, rj, si12	将浮点寄存器 fd 中单 / 双精度浮点数写回指定内存地址，内存地址计算方式为 rj+si12 或 rj+rk
fst.d fd, rj, si12	
fstx.s fd, rj, rk	
fstx.d fd, rj, rk	

在表 4-3 中，浮点访存指令 fld.s、fldx.s、fst.s、fstx.s 用于从内存中取出一个 32 位的数据到浮点寄存器 fd 的低 32 位，浮点寄存器 fd 的高 32 位为任意值；而浮点访存指令 fld.d、fldx.d、fst.d、fstx.d 用于从内存中取出一个 64 位的数据到浮点寄存器 fd。浮点访存指令的内存地址的计算分为基于常数的 base+offset 方式（即表中 rj+si12）和基于寄存器的 base+index 方式（即表中 rj+rk）。其中 si12 表示一个有符号的 12 位立即数。

【例 4.3】 写出如下程序的汇编指令

```
float a = 1.0;
float b = 2.0;
float c = a + b;
```

这段 C 语言语句涉及浮点数的加载、加法运算和浮点数存储 3 部分功能指令，具体对应的 LoongArch 汇编指令如下：

```
fld.s   f0,  r12,  0        # 从内存加载 1.0 到浮点寄存器 f0
fld.s   f1,  r12,  4        # 从内存加载 2.0 到浮点寄存器 f1
fadd.s  f2,  f1,   f0       # 将 1.0+2.0 结果写入浮点寄存器 f2
fst.s   f2,  r12,  8        # 将结果写回内存
```

这里假设寄存器 r12 为存放变量 a 所在内存的起始地址，变量 b、变量 c 紧挨着变量 a 存放。故加载变量 b 时的地址为 r12+4，写回变量 c 的地址为 r12+8，这里变量 b 和 c 的内存偏移值都在 12 位以内，故使用 fld.s 和 fst.s。如果内存偏移位置超过 12 位宽，那么访存指令就需要使用相应的 fldx/fstx。

4.4.2 浮点边界检查访存指令

浮点边界检查访存指令同浮点普通访存指令一样，用于从指定内存地址读数据到寄存器或写数

据到指定的内存地址，两者的区别是浮点边界检查访存指令在读写内存的同时会进行条件检查，确认这个地址是否大于或者小于给定的地址范围，如果条件不满足则会终止读写操作并触发边界检查例外。LoongArch 支持的浮点边界检查访存指令如表 4-4 所示。

【备注】浮点边界检查访存指令仅在 LA64 架构下被支持。

表 4-4　LoongArch 支持的浮点边界检查访存指令

指令格式	功能简述
fldgt.s fd, rj, rk	从指定内存地址加载一个单 / 双精度浮点数到浮点寄存器 fd，指定内存地址为 rj+rk，当条件（rj>rk）/（rj ≤ rk）不满足时，触发例外并中止操作
fldgt.d fd, rj, rk	
fldle.s fd, rj, rk	
fldle.d fd, rj, rk	
fstgt.s fd, rj, rk	将浮点寄存器 fd 中单 / 双精度浮点数写回指定内存地址，指定内存地址为 rj+rk，当条件（rj>rk）/（rj ≤ rk）不满足时，触发例外并中止操作
fstgt.d fd, rj, rk	
fstle.s fd, rj, rk	
fstle.d fd, rj, rk	

表 4-4 中指令名前缀中的“gt”指明仅当通用寄存器 rj 的值大于 rk 时，才会从寄存器 rj 中存放的内存地址取回一个单（指令名后缀为 .s）/ 双精度（指令名后缀为 .d）浮点数并写入浮点寄存器 fd 中，否则终止访存操作并触发边界检查例外。而“le”和“gt”正好条件相反，即仅当寄存器 rj 小于或等于 rk 时才执行访存指令，否则触发边界检查例外。对于应用程序，当触发边界检查例外时会收到中断信号段错误（SIGSEGV）。

在第 03 章介绍过，整数边界检查访存指令可用在对整数数组的安全索引，及时发现数组下标越界访问。同理浮点边界检查访存指令可用在对浮点数组的安全访问。这里不再做示例说明。

4.5 浮点比较指令

浮点比较指令用于对两个浮点数进行比较运算，将结果存入指定的条件标志寄存器中。当条件满足时，条件标志寄存器置 1；条件不满足时，条件标志寄存器置 0。比较的条件有小于、相等、不等、有序等。LoongArch 支持的浮点比较指令如表 4-5 所示。

表 4-5　LoongArch 支持的浮点比较指令

指令格式	功能简述
fcmp.cond.s cc, fj, fk	单 / 双精度浮点数 fj 和 jk 比较，将结果写入 cc
fcmp.cond.d cc, fj, fk	

这里目的寄存器 cc 可以是条件标志寄存器 fcc0~fcc7 中的任意一个。cond 代表条件，常见的有 SEQ（相等）、SLT（小于）、SLE（小于或等于）、SNE（不等）等。具体浮点比较条件有 22 种，如表 4-6 所示。

表 4-6　浮点比较条件

助记符	含义
CAF / SAF	否
CUN / SUN	无法比较
CEQ / SEQ	相等
CUEQ / SUEQ	相等或无法比较
CLT / SLT	小于
CULT / SULT	小于，或者无法比较
CLE / SLE	小于或等于
CULE / SULE	小于或等于，或者无法比较
CNE / SNE	不等
COR / SOR	有序
CUNE / SUNE	无法比较或不等

表 4-6 中每一个比较条件都有两类，一类是以字母 C 开头，另一类是以 S 开头。以 C 开头的条件比较指令不会触发浮点例外，而以 S 开头的条件比较指令会触发浮点例外。

【例 4.4】　编写如下 C 语言语句对应的汇编指令

```
float a = 1.0;
float b = 2.0;
int c = (a < b) ? 1:0;
```

这段语句用于对两个浮点变量 a 和 b 进行比较，比较条件成立则变量 c 赋值为 1，否则赋值为 0。使用 LoongArch 汇编指令来实现上述逻辑则为

```
li.w         r4, 0           # 加载 0 到寄存器 r4
fcmp.slt.s   fcc0, f0, f1    # 如果 f0 < f1 成立，则条件标志寄存器 fcc0 置 1，否则置 0
bceqz        fcc0, 4         # 如果 fcc0 等于 0，跳转到 nop，否则继续执行下一条 li 指令
li.w         r4, 1
nop
```

这里假设变量 a 存放在浮点寄存器 f0，变量 b 存放在浮点寄存器 f1，变量 c 存放在寄存器 r4。因为当前 a 为 1.0，b 为 2.0，所以指令“fcmp.slt.s　　fcc0, f0, f1”执行后 fcc0 的值为 1，bceqz 不会发生跳转，而是执行指令“li.w　　r4, 1”将变量 c 修改为 1。

4.6 浮点分支指令

浮点分支指令是建立在浮点比较指令基础上的。浮点比较指令会将两个浮点数的比较结果写入条件标志寄存器，而浮点分支指令则根据条件标志寄存器的值来决定是否跳转到目标地址。

LoongArch 支持的浮点分支指令有 2 条，如表 4-7 所示。

表 4-7　LoongArch 支持的浮点分支指令

指令格式	功能简述
bceqz cj, offs21	条件跳转，if (cj == 0) goto PC+offs21<<2
bcnez cj, offs21	条件跳转，if (cj != 0) goto PC+offs21<<2

表 4-7 中指令 bceqz 对条件标志寄存器 cj 的值进行判断，如果等于 0 则跳转到目标地址，否则不跳转；指令 bcnez 也对条件标志寄存器 cj 的值进行判断，如果不等于 0 则跳转到目标地址，否则不跳转；条件标志寄存器 cj 可以是 fcc0~fcc7 中的任意一个。跳转的目标地址计算方式为 21 位立即数 offs21 逻辑左移 2 位后再加上当前分支指令的 PC 值。

【例 4.5】　编写如下 C 语言语句对应的汇编指令

```
float fv = (a < b) ? a:b;
```

这段 C 语言语句中浮点变量 fv 最终结果为变量 a 和 b 中的最小值。对应的汇编语句可以如下：

```
    fcmp.slt.s    fcc0,f0,f1
    bceqz         fcc0, 0x4
    fmov.s        f2, f0
    fmov.s        f2, f1
```

这里假设变量 a 存放在浮点寄存器 f0，变量 b 存放在浮点寄存器 f1，变量 fv 存放在浮点寄存器 f2 中。指令“fcmp.slt.s　fcc0, f0, f1 ”完成 a<b 的比较，将结果存入 fcc0。指令“bceqz　fcc0, 0x4 ”判断 fcc0 中的结果，如果为 0（a<b 条件不成立），则跳转 4 字节到指令“fmov.s　f2, f1”位置，完成把 b 赋值给 fv；否则不跳转，会执行下一条指令“fmov.s　f2, f0”，完成把 a 赋值给 fv。

4.7 浮点转换指令

浮点转换指令用于实现单精度浮点数和双精度浮点数、浮点数和定点数之间的转换，LoongArch 支持的浮点转换指令如表 4-8 所示。

表 4-8　LoongArch 支持的浮点转换指令

指令格式	功能简述
fcvt.s.d fd, fj	单 / 双精度浮点数之间的转换
fcvt.d.s fd, fj	
ffint.s.w fd, fj	32/64 位定点数转单 / 双精度浮点数
ffint.s.l fd, fj	
ffint.d.w fd, fj	
ffint.d.l fd, fj	

续表

指令格式	功能简述
ftint.w.s fd, fj	单 / 双精度浮点数转 32/64 位定点数
ftint.l.s fd, fj	
ftint.w.d fd, fj	
ftint.l.d fd, fj	
frint.s fd, fj	单 / 双精度浮点数转换为整数数值的单 / 双精度浮点数
frint.d fd, fj	
ftintrm.w.s fd, fj	浮点数转定点数，舍入模式为"向负无穷大方向舍入"
ftintrm.w.d fd, fj	
ftintrm.l.s fd, fj	
ftintrm.l.d fd, fj	
ftintrz.w.s fd, fj	浮点数转定点数，舍入模式为"向零方向舍入"
ftintrz.w.d fd, fj	
ftintrz.l.s fd, fj	
ftintrz.l.d fd, fj	
ftintrp.w.s fd, fj	浮点数转定点数，舍入模式为"向正无穷大方向舍入"
ftintrp.w.d fd, fj	
ftintrp.l.s fd, fj	
ftintrp.l.d fd, fj	
ftintrne.w.s fd, fj	浮点数转定点数，舍入模式为"向最近的偶数舍入"
ftintrne.w.d fd, fj	
ftintrne.l.s fd, fj	
ftintrne.l.d fd, fj	

在表 4-8 中，指令名前缀为 fcvt 的指令实现单精度浮点数和双精度浮点数之间的转换，其后缀 .s.d 代表双精度浮点数（double）向单精度浮点数（float）转换，后缀 .d.s 代表单精度浮点数向双精度浮点数转换。指令名前缀为 ffint 的指令实现定点数到浮点数的转换（其中第二个 f 可翻译为 from），其后缀类型有 .s.w、.s.l、 .d.w、 .d.l，分别代表 32 整数转单精度浮点数、64 位整数转单精度浮点数、32 位整数转双精度浮点数、64 位整数转双精度浮点数。指令名前缀为 ftint 的指令实现浮点数向定点数的转换（其中第二个字母 t 可翻译为 to），其后缀类型有 .w.s、.l.s、.w.d、.l.d，分别代表单精度浮点数转 32 位整数、单精度浮点数转 64 位整数、双精度浮点数转 32 位整数、双精度浮点数转 64 位整数。指令名前缀为 frint 的指令实现浮点数向整数数值的浮点数转换（其中 r 可翻译为 round to），其后缀类型有 .s、.d，分别代表单精度浮点数转换和双精度浮点数转换。

【例 4.6】 编写如下 C 语言语句对应的汇编指令

```
float    fv = 3.0;
double   dv = fv;
```

上面语句目的是实现单精度浮点数 fv 向双精度浮点数 dv 的转换。对应的汇编指令如下：

```
fcvt.d.s  f1, f0
```

这里假设单精度浮点数变量 fv 存放在浮点寄存器 f0 中，双精度浮点数变量 dv 存放在浮点寄存器 f1 中。那么指令“fcvt.d.s　　f1, f0”就实现了 fv 向 dv 的转换。

【例 4.7】　当浮点寄存器 f1 值分别为 1.2340f 和 1.5340f 时，在如下指令执行后，寄存器 f0 值为多少?

```
frint.s f0, f1
```

指令 frint.s 用于单精度浮点数向整数数值的单精度浮点数转换，即浮点数的四舍五入方式转换。当浮点寄存器 f1 值为 1.2340f 时，在指令被执行后，浮点寄存器 f0 为 1.0000f；当浮点寄存器 f1 值为 1.5340f 时，在指令被执行后，浮点寄存器 f0 为 2.0000f。

【例 4.8】　实现浮点数 double 类型到 long 的强制转换

```
long ret = (long) 3.145;   //ret 结果为 3
```

对应的 LoongArch 汇编指令可以为

```
ftintrz.l.d f30, f1     //f1 存放浮点数 3.145，指令结束后 f30 为 3.000
movfr2gr.d  r7, f30    // 将 f30 中的 3.000 移动到整型寄存器 r7，指令结束后 r7 为 3
```

4.8 浮点搬运指令

浮点搬运指令可实现浮点寄存器和浮点寄存器、浮点寄存器和通用整型寄存器之间的无条件或有条件的赋值功能。LoongArch 支持的浮点搬运指令如表 4-9 所示。

表 4-9　LoongArch 支持的浮点搬运指令

指令格式	功能简述
fmov.s fd, fj	单 / 双精度浮点数搬运，fd = fj
fmov.d fd, fj	
fsel fd, fj, fk, ca	条件赋值，fd = (ca==0) ? fj : fk
movgr2fr.w fd, rj	将通用寄存器写入浮点寄存器，fd = rj
movgr2fr.d fd, rj	
movgr2frh.w fd, rj	fd[63:32] = rj[31:0]

续表

指令格式	功能简述
movfr2gr.s rd, fj	将浮点寄存器写入通用寄存器，rd = fj
movfr2gr.d rd, fj	
movfrh2gr.s rd, fj	将通用寄存器写入浮点寄存器高 32 位，rd[63:32] = fj[31:0]
movgr2fcsr fcsr, rj	写浮点控制状态寄存器，fcsr = rj
movfcsr2gr rd, fcsr	读浮点控制状态寄存器，rd = fcsr
movfr2cf cd, fj	写条件标志寄存器，cd = fj[0]
movcf2fr fd, cj	读条件标志寄存器，fd[0] = cj
movgr2cf cd, rj	写条件标志寄存器，cd = rj[0]
movcf2gr rd, cj	读条件标志寄存器，rd[0] = cj

在表 4-9 中，指令 fmov 实现无条件将浮点寄存器 fj 赋值给浮点寄存器 fd。fj 和 fd 可以是浮点寄存器 f0~f31 中的任意一个。操作数的数据类型根据指令后缀 .s 或 .d 来区分，分别表示单精度浮点数和双精度浮点数。指令 movgr2fr 实现将通用寄存器 rj 中的数据存入浮点寄存器 fd。指令名 movgr2fr 中的 gr 代表通用寄存器，fr 代表浮点寄存器，2 代表 to。指令 movgr2frh 中的 h 代表 high，表示将通用寄存器的低 32 位数据搬运到浮点寄存器的高 32 位。指令 movgr2fcsr 用于设置（写）浮点控制状态寄存器。指令 movfr2cf 用于设置（写）浮点条件标志寄存器 CFR。

在表 4-9 中，指令 fsel 是唯一的有条件的浮点赋值指令，即如果条件标志寄存器 ca 的值等于 0，则将浮点寄存器 fj 的值写入浮点寄存器 fd，否则将浮点寄存器 fk 的值写入浮点寄存器 fd。

【例 4.9】 定点数转浮点数示例

C 语言赋值语句如下：

```
float fval = 3;
```

此语句对应的 LoongArch 汇编指令为

```
li.w       r12, 0x3
movgr2fr.w f0, r12
ffint.s.w  f0,f0
```

这里 li.w 完成了把定点数 3 加载到通用寄存器 r12；movgr2fr 负责把 r12 里的数据搬运到浮点寄存器 f0；最后 ffint.s.w 负责将 f0 里面的定点数 3 转换成浮点数 3.0 后再存入 f0。

【例 4.10】 使能浮点控制状态寄存器 fcsr0 的 Enable 域中的所有位（VZOUI）

```
li            r7, 0x1f
movgr2fcsr    r0, r7          // 这里使用通用寄存器 r0 来表示 fcsr0
```

4.9 本章小结

本章按照功能分类，对龙芯基础指令集中的浮点数指令做了介绍，包括浮点运算指令、浮点访存指令、浮点比较指令、浮点分支指令、浮点转换指令、浮点搬运指令，并辅以相关示例来说明部分浮点数指令的功能和可能被使用的场景。

4.10 习题

1. C 语言变量双精度浮点数 3.14 对应的二进制数值是多少?
2. 执行下列指令后，条件标志寄存器 fcc0 的值是多少?

```
li.w          r4, 3
movgr2f.w     f0, r0
movgr2f.w     f1, r4
fcmp.slt.s    fcc0,f0,f1
```

3. 加载一个双精度浮点数 1.00 到浮点寄存器 f0 的 LoongArch 汇编指令是什么?
4. 编写如下 C 语言函数对应的汇编语句。

```
double max(double fva, double fvb) {
  return (fva > fvb) ? fva : fvb;
}
```

第 05 章

LoongArch ABI

ABI 的全称为应用程序二进制接口（Application Binary Interface），定义了应用程序二进制代码中数据结构和函数模块的格式及其访问方式，包括处理器基础数据类型、数据对齐、字节序列、LoongArch 寄存器使用约定、函数调用约定（包括函数参数传递、函数返回值传递）、函数栈布局、系统调用约定等。ABI 是系统架构的一部分。特别是当我们要编写一部分汇编源程序时，如果没有遵循 ABI 规范，就可能导致程序出错而无法编译或正常运行。本章在介绍 LoongArch ABI 基本规范的同时，还会在龙芯 64 位处理器上反汇编一些小的实例程序，来展示其中的一些规范和细节。

LoongArch 共定义了 3 套 ABI：指针和寄存器宽度都是 64 位的 LP64，指针 32 位、寄存器 64 位的 LPX32，指针和寄存器都是 32 位的 LP32。多套 ABI 的制定便于程序正确运行在不同的架构上，LPX32 ABI 就支持 32 位程序运行在 64 位处理器上。3 套 ABI 的基本规则相同，寄存器使用约定相同，仅在一些具体数据上有差别，下文在遇到时会单独说明。

5.1 数据类型、数据对齐和字节序列

了解一个架构的 ABI，首先要指定此架构对高级语言（通常为 C 语言）中基本数据类型对应的内存大小、内存对齐方式和字节序列方式的约定，从而在编写汇编语言时根据不同数据类型来选择不同指令，同时也避免高级语言程序在不同架构间移植时出现错误。

5.1.1 数据类型

在 LA32 架构下通用整型寄存器的宽度为 32 位，即内存加载和参与运算的数据大小可以是字节（长度 8 位）、半字（长度 16 位）、字（长度 32 位），分别对应 C/C++ 语言中的数据类型 bool/char、short、int/long。在 LA64 架构下通用整型寄存器的宽度为 64 位，即内存加载和参与运算的数据大小可以是字节（长度 8 位）、半字（长度 16 位）、字（长度 32 位）、双字（长度 64 位），分别对应 C/C++ 语言中的数据类型 bool/char、short、int、long 等。更具体的 C/C++ 语言数据类型的数据宽度及其对齐方式如表 5-1 所示。

表 5-1　C/C++ 语言数据类型的数据宽度及其对齐方式

C/C++ 语言数据类型	LA64 大小 / 字节	LA64 对齐方式	LA32 大小 / 字节	LA32 对齐方式
bool/char	1	1	1	1
short	2	2	2	2
int	4	4	4	4
long	8	8	4	4
long long	8	8	8	8
void*	8	8	4	4
__int128	16	16	16	16
float	4	4	4	4
double	8	8	8	8
long double	16	16	16	16

要注意的是，数据类型 long 在 LA32 架构下的数据大小为 4 字节，在 LA64 架构下的数据大小为 8 字节。数据类型 __int128 和 long double 的大小都为 16 字节，意味着对这两种数据类型的数据加载或计算时，在 LA64 架构下需要 2 个寄存器，在 LA32 架构下需要 4 个寄存器。

5.1.2 数据对齐

为了简化处理器和内存系统之间的硬件设计，许多计算机系统对访存操作的地址做了限制，要求被访存的地址必须是其数据类型的倍数，又叫自然对齐。即从内存中读取 / 写入一个半字（2 字节）数据，则访存地址必须是 2 的倍数；读取 / 写入一个字（4 字节），则访存地址必须是 4 的倍数；读取 / 写入双字（8 字节），则访存地址必须是 8 的倍数。更具体的数据类型及其对应的对齐方式如表 5-1 所示。下面列举几个对齐访问和非对齐访问的例子：

```
// 假设寄存器 r5 的地址值为 0x120000000
ld.w r4, r5, 0x3      //0x120000003 不能被 4 整除，故为非对齐访问
ld.w r4, r5, 0x8      //0x120000008 能被 4 整除，故为对齐访问
ld.d r4, r5, 0x5      //0x120000005 不能被 8 整除，故为非对齐访问
```

LoongArch 支持硬件处理非对齐的内存数据访问。即虽然上面示例中存在非对齐访问，但是处理器也能正常工作并得到正确结果，并不会抛出非对齐异常。但是为了性能更优，建议程序员尽量对齐数据，毕竟硬件处理非对齐的数据访问可能会比处理对齐访问的效率要低。

当我们使用 C 语言编写程序时，编译器会自动帮助处理对齐的问题，使得每个变量在内存中的起始地址都满足自然对齐。例如对于如下顺序定义的 C 语言语句：

```
    char   cVar;
    int    iVar;
    short  sVar;
    long   lVar;
```

编译器对此处理后在内存中的存放次序和地址如表 5-2 所示。

表 5-2　内存中的存放次序和地址

地址	变量
0x120008070	cVar
0x120008074	iVar
0x120008078	sVar
0x120008080	lVar

从表 5-2 可以看出，虽然变量 cVar 的数据类型为 char，仅一字节，却在内存上占据了 4 字节的地址空间，目的是保证下一个整型变量 iVar 的地址（0x120008074）是 4 字节对齐的；变量 cVar 占据内存起始地址 0x120008070 开始 4 字节的低 8 位，而高 24 位未使用，也称填充（Padding）位。变量 sVar 的数据类型虽为 2 字节，却需要占用 8 字节地址空间，目的也是保证下一个变量 lVar 的地址（0x120008080）是 8 字节对齐的。

对于 C 语言结构体中的变量，其内存布局也遵循自然对齐原则。

5.1.3 字节序列

字节序列定义了以字节为单位的半字、字、双字在内存中以什么样的序列来排序。具体的字节序列有大尾端（Big Endian）和小尾端（Little Endian）两种方式。假设 C 语言中的一个 int 数据类型的变量 x，其十六进制值为 0x12345678，在内存中按照大尾端和小尾端方式存储的示意图如图 5-1 所示。

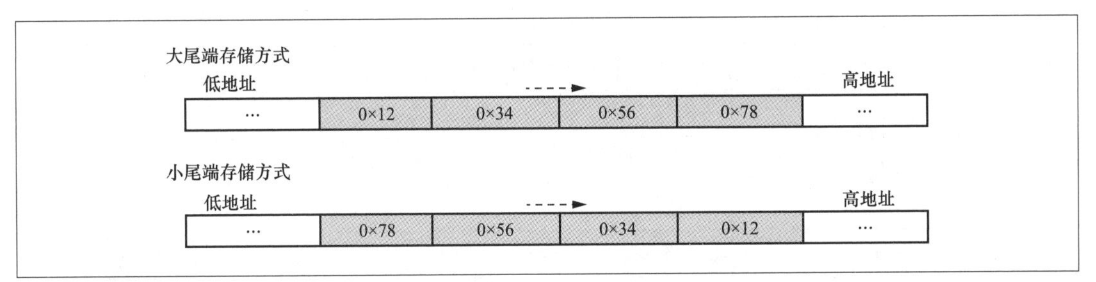

图 5-1 数据 0x12345678 的大尾端和小尾端的存储方式

从图 5-1 中可以看出，对于多字节数据，大尾端的存储方式就是从内存的低地址开始，依次存放数据的高位到低位；而小尾端的存储方式与大尾端恰好相反，是从内存的低地址开始，依次存放数据的低位到高位。不同架构采用的字节序列是不同的，例如 x86 采用的是大尾端字节序列存储，LoongArch 采用的是小尾端字节序列存储，而 ARM、MIPS 采用的字节序列存储方式是可配置的。

多数情况下，机器所使用的字节序列对应用程序是不可见的（不用关注的）。因为同一架构，对内存数据的读和写采用的是相同字节序列。在特别的情况下，例如在跨机器的数据网络传输时，如果两端机器采用的字节序列存储方式不同，且接收端对发送过来的基本类型数据不做尾端转换处理，就会出现读取数据错误的问题。这种情况就要了解字节序列并采取相应尾端转换处理。验证当前机器是哪种字节序列比较简单，例如可以先写入一个 short 或者 int 类型数据到一个内存地址，然后再从此内存起始地址读出一字节数值，如果此数值为写入数据的低 8 位，则为大尾端，否则为小尾端。

5.2 LoongArch 寄存器使用约定

任何体系架构都会对其提供的寄存器做功能上的使用约定，告诉我们函数调用时通过哪些寄存器传递参数、通过哪些寄存器保存返回值、哪些寄存器可以任意使用而不用保存旧值等。寄存器使用约定是汇编语言层面可以拆分成函数的基础，使得将大型程序按模块编写成为可能。

LoongArch ABI 对通用寄存器和浮点寄存器的使用都做了约定。

5.2.1 通用寄存器使用约定

LoongArch 中定义的通用寄存器（General-Purpose Register，GPR）共 32 个，记为 r0~r31。LoongArch 中各个通用寄存器对应的别名和使用约定如表 5-3 所示。

表 5-3 LoongArch 中的通用寄存器对应的别名和使用约定

寄存器名称	别名	使用约定（功能描述）
r0	zero	常量寄存器，其值永远为 0
r1	ra	函数返回地址（return address）
r2	tp	用于支持 TLS （ Thread-local Storage ）
r3	sp	栈指针（stack pointer）
r4 ~ r11	a0 ~ a7	参数寄存器（argument）
r4 ~ r5	v0 ~ v1	函数的返回值（return value）
r12 ~ r20	t0 - t8	临时寄存器（temporary）
r21	x	保留寄存器
r22	fp	帧指针（frame pointer）
r23 ~ r31	s0 ~ s8	保存寄存器（saved）

表 5-3 中，按照使用功能的不同，将提供的 32 个通用寄存器划分成几类并做了简单的使用约定描述。

1. 寄存器别名

为了便于记忆和阅读，ABI 对每个寄存器都定义了一个有功能意义的别名。别名用寄存器功能的英文首字母 + 数字或字母缩写表示。例如寄存器 r4 的别名为 a0 ，其中 a 代表 arguments，即该寄存器可用作函数调用传参的第一个寄存器。寄存器 r5 的别名为 a1，即该寄存器可用作函数调用传参的第二个寄存器。寄存器 r3 的别名为 sp，sp 为 stack pointer 的缩写，代表栈指针。编写汇编指令时，可以使用寄存器编号，也可以使用寄存器别名，下面这两条指令的功能是完全相同的。

```
addi.d r3, r3, 32
addi.d sp, sp, 32
```

这两条指令的功能都是实现一个寄存器和立即数 32 的加法运算。不过使用别名 sp 可以让程序员清楚知道这是对栈指针的操作。在实际汇编语言编写过程中，更推荐使用寄存器的别名方式，这样更便于理解指令语义。本书接下来的示例也将尽可能地使用寄存器别名来书写。

使用 LoongArch 寄存器别名时需要包含头文件 regdef.h，里面已经定义好了寄存器编号和对应的别名。

2. 寄存器功能介绍

表 5-3 中汇总性地介绍了 LoongArch 中 32 个通用寄存器的功能，接下来按不同功能分别对这些寄存器的使用场景做介绍。

（1）zero 寄存器

寄存器 r0（别名 zero）是常量寄存器，即不管对其写入什么值，读取它的值时永远返回 0。例如要取一个变量的相反数，就可以用 zero 寄存器和这个变量所在寄存器做减法，从而减少对立即数 0 的加载操作。

```
sub.w t5, zero, t4          //这里t5和t4互为相反数
```

zero寄存器对一些合成指令的作用也是很大的，它为我们提供了一种更简洁、清晰的编码格式。比如LoongArch中常用到的宏指令move，其对应的有效汇编指令用or或add.d来实现。

```
//宏指令                 ------->          //有效汇编指令
move t0, t1                               or t0, t1, zero
```

这里简单解释一下宏指令。宏指令是为了方便软件编程或语义直观而定义的一组指令，这些指令在编译时会由编译器转换为处理器能识别并执行的真实指令。也就是说宏指令并不是架构所提供的指令，而是仅汇编器提供且能识别的指令。汇编器负责将宏指令翻译成真实的机器指令。

LoongArch中没有两个寄存器之间数据复制的move指令。上面的汇编指令“or t0,t1,zero”的意思是将寄存器t1和寄存器zero进行或运算，将结果存入t0，这就实现了一个寄存器t1到另一个寄存器t0的数据复制。同样的功能，汇编器也可以使用真实的LoongArch支持的汇编指令“add.d t0, t1, zero”来实现。

（2）函数调用与寄存器v0 ~ v1、a0 ~ a7、ra

LoongArch ABI规定发生函数调用时，寄存器a0 ~ a7用来传递前8个整型参数或指针参数，其中a0和a1（别名又为v0和v1）也用于返回值，寄存器ra用于保存返回地址。

例如对于有2个整型参数、1个整型返回值的加法函数的调用功能，其对应的C语言代码如下：

```
int ret = add(2,3);
```

使用汇编语言来实现，代码如下：

```
add:
        add.w a0, a0, a1
        jirl  zero, ra, 0

main:
        li.w a0,0x2
        li.w a1,0x3
        bl add
```

其中，add:和main:被称为标签，表示一个函数的开始。main函数的第1行和第2行分别将两个整型参数2、3存入寄存器a0、a1，作为函数add的参数。第3行的bl指令实现把当前pc+4存入寄存器ra，并跳转到函数add。add函数中“add.w a0, a0, a1”完成两个参数的加法操作，并将结果写入a0（v0），作为函数add的返回值，“jirl zero, ra, 0”实现返回到函数main。

这里要注意的是，LoongArch中v0、v1和a0、a1分别是同一个寄存器，即返回值和参数共

用同一个寄存器，所以在编写汇编代码时要小心避免出现值覆盖的问题。

关于传递的整型参数超过 8 个，或参数中还有浮点数类型，或返回值为结构体类型等复杂情况的调用规范，在 5.3 节会有更详细的介绍。

（3）临时寄存器 t0 ~ t8 和保存寄存器 s0 ~ s8

临时寄存器 t0 ~ t8 中的字母 t 可理解为 temporary，在函数中充当临时变量的作用。即在函数中使用这几个临时寄存器时，不用考虑保存旧值的问题。

保存寄存器 s0 ~ s8 中的 s 代表 saved。即当前函数应该负责保证这几个寄存器的值在函数返回时和函数入口处一致。如果函数内要使用 s0 ~ s8 中的某一个或几个寄存器，那么在使用前需要将其旧值存储在栈上，并在函数返回前恢复其旧值，从而保证在调用者看来这些寄存器的值没有变化。例如，某个函数中要使用 s0 寄存器，那么在函数的开始和结束时就会有 s0 的进栈和出栈的操作。

```
st.d s0, sp, 32
...
ld.d s0, sp, 32
```

这里假设使用 s0 寄存器之前把 s0 存放到栈位置 sp+32，省略号处可以任意使用 s0，函数退出时使用 ld.d 指令从之前存放的栈位置 sp+32 处恢复 s0 的旧值。

（4）tp 寄存器

tp 寄存器用于支持线程局部存储（Thread-Local Storage，TLS）。TLS 是一种线程局部变量的存储方法，保证变量在线程内是全局可访问的，但是不能被其他线程访问。例如 libc 库中的 _Thread_local errno 变量就是一个典型的线程局部变量，用于标识当前线程最新的错误编号。LoongArch ABI 专门占用一个寄存器来指向当前线程的 TLS 区域，目的就是实现此区域内变量的快速定位和访问，提高程序执行效率。通常寄存器 tp 由系统 libc 库维护（负责读写），用户程序最好不要修改这个寄存器。

（5）函数栈和寄存器 sp、fp

在数据结构中，栈（Stack）是只允许在同一端进行插入和删除操作的动态存储空间。它按照先进后出的原则存储数据，即先进入的数据被压在栈底，最后进入的数据在栈顶。函数栈也是一段动态存储空间，用于一个函数内的局部变量和相关寄存器的保存，但在使用上并没有数据结构中的栈那么严格的要求。每个函数根据参数数量不同、局部变量数量不同，函数栈空间大小也不尽相同。LoongArch ABI 规定使用寄存器 sp、fp 来记录每个函数栈的起始位置。具体函数栈使用约定，在 5.4 节有详细的介绍。

5.2.2 浮点寄存器使用约定

LoongArch 可用的浮点寄存器也是 32 个，记为 f0 ~ f31。这 32 个浮点寄存器的使用约定如表 5-4 所示。

表 5-4 LoongArch 的浮点寄存器的使用约定

寄存器名称	别名	使用约定
f0 ~ f7	fa0 ~ fa7	参数寄存器（argument）
f0 ~ f1	fv0 ~ fv1	函数的返回值（return value）
f8 ~ f23	ft0 ~ ft15	临时寄存器（temporary）
f24 ~ f31	fs0 ~ fs7	保存寄存器（saved）

相较整型寄存器，浮点寄存器的使用约定比较简单。根据使用功能的不同，浮点寄存器的别名也相应不同。寄存器 f0 ~ f7，共 8 个浮点寄存器用于函数浮点数据的参数传递，别名分别为 fa0 ~ fa7。其中 f0 和 f1 还用于函数返回值，别名也可为 fv0 和 fv1。临时寄存器别名有字母 t，共 16 个，即 ft0 ~ ft15；保存寄存器别名有字母 s，共 8 个，即 fs0 ~ fs7。

例如要实现两个浮点数加法的函数功能，其对应的 C 语言代码如下：

```
float fadd(float var1, float var2){
    return var1 + var2;
}
```

使用汇编语言来实现，代码如下：

```
    fadd:
        fadd.s fv0, fa1, fa0
        jirl   zero, ra, 0
```

其中参数寄存器 fa0、fa1 分别存放了变量 var1、var2，浮点加法运算后的结果被写入 fv0，通过 jirl 指令返回。

5.3 函数调用约定

函数调用约定主要规范的是发生函数调用时，如何传递参数、如何传递返回值的问题。5.2 节已经介绍了发生函数调用时，哪些寄存器可用作传递参数、哪些寄存器可用作返回值。但还不够具体，例如当参数过多导致寄存器数量不足时怎么办？参数是结构体类型怎么办？参数列表中既有整型、浮点数类型又有结构体类型时调用规则如何规定？本节将对这些问题进行逐一解答。

5.3.1 函数参数传递

LoongArch ABI 对于基本数据类型作为函数参数传递时，因参数数量和参数类型的不同，使用的寄存器、传递规则也不同。具体可分为如下几种情况。

1. 标量作为参数传递

在计算机语言中，标量指的是不可被分解的量。可对应 C 语言中的基本数据类型、指针。根据

LoongArch ABI 规定，标量作为参数传递有以下几种情况。

- 当一个标量位宽不超过 XLEN 位或者一个浮点实数参数不超过 FLEN 位时，使用单个参数寄存器传递。若没有可用的参数寄存器，则在栈上传递。
- 当一个标量位宽超过 XLEN 位但是小于 2×XLEN 时，则可以在一对参数寄存器中传递，低 XLEN 位在小编号寄存器中，高 XLEN 位在大编号寄存器中；若没有可用的参数寄存器，则在栈上传递标量；若只有一个寄存器可用，则低 XLEN 位在寄存器中传递，高 XLEN 位在栈上传递。
- 若一个标量宽度大于 2×XLEN，则通过引用传递，并在参数列表中用地址替换。通过引用传递的实参可以由被调用方修改。

XLEN 指的是 ABI 中的整型寄存器的宽度。对于 LP32 ABI，XLEN=32 位；对于 LPX32/LP64 ABI，XLEN=64 位。FLEN 指的是 ABI 中的浮点寄存器的宽度，对于 LP32、LPX32、LP64 ABI，FLEN=64 位。

表 5-5 列举了几种常见的标量参数序列及其使用寄存器情况。

表 5-5　常见的标量参数序列及其使用寄存器情况

<table>
<tr><th>种类</th><th>参数列表</th><th>参数寄存器</th></tr>
<tr><td>1</td><td>n1,n2,n3</td><td>a0,a1,a2</td></tr>
<tr><td rowspan="3">2</td><td>d1,d2,d3</td><td rowspan="3">fa0,fa1,fa2</td></tr>
<tr><td>s1,s2,s3</td></tr>
<tr><td>s1,d1,d2</td></tr>
<tr><td>3</td><td>n1,n2,n3,n4,n5,n6,n7,n8,n9</td><td>a0,a1,a2,a3,a4,a5,a6,a7,stack</td></tr>
<tr><td rowspan="3">4</td><td>n1,d1</td><td>a0,fa0</td></tr>
<tr><td>d1,n1,d2</td><td>fa0,a0,fa1</td></tr>
<tr><td>n1,n2,d1</td><td>a0,a1,fa0</td></tr>
<tr><td>5</td><td>d1,d2,d3,d4,d5,d6,d7,d8,d9,d10</td><td>fa0, fa1, fa2, fa3, fa4, fa5, fa6,fa7,a0,a1</td></tr>
</table>

表 5-5 参数列表中的 n 代表整型数据类型（包括 C 语言中的 byte、short、int、long）、s 代表单精度浮点数类型（float）、d 代表双精度浮点数类型（double）。“n1,n2,n3”即代表第 1 个整型参数、第 2 个整型参数、第三个整型参数。

从表 5-5 可以看出函数基本参数传递规则是：当实参全部为整型时，依次使用整型参数寄存器 a0 ~ a7（即第一个参数使用 a0，第二个参数使用 a1，依次类推），如种类 1 所示；当实参全部为浮点数（包括单精度浮点数和双精度浮点数）时，依次使用浮点参数寄存器 fa0 至 fa7，如种类 2 所示；当整型参数寄存器不够用时，剩下的参数被保存到函数栈（表中使用 stack 表示）上来传递，如种类 3 所示；当参数列表中既有整数又有浮点数时，分别依次对应使用 a0~a7 和 fa0~fa7，如种类 4 所示；当浮点参数寄存器不够用时，如果整型参数寄存器还有剩余，那么剩下的浮点参数可以使用整型参数寄存器来传递，如种类 5 所示。如果没有剩余参数寄存器可用，那么通过函数栈传递，这种情况不是很常见，因此表 5-5 中未列出。

下面列举几个小例子进行说明。

【例 5.1】 整型和指针类型参数传递

C 语言函数调用语句：

```
ret = strncmp("hello", "Hello World", 5);
```

这里被调用函数 strncmp 的实参有 3 个，两个字符串和一个整数。对应的参数结构和寄存器值如图 5-2 所示。

寄存器	内容
a0	address of "hello"
a1	address of "Hello World"
a2	5

图 5-2 整型和指针类型参数结构和寄存器值

【例 5.2】 当实参多于 8 个整型或指针时，将利用函数栈来传递剩余的参数

C 语言函数声明和调用语句如下：

```
int test1 (int v0, int v1, int v2, int v3, int v4, int v5, int v6,
           int v7,int v8, int v9);
test1 (0, 1, 2, 3, 4, 5, 6, 7, 8, 9);
```

被调用函数 test1 需要传递 10 个整型（int）参数。按 LoongArch 整型寄存器使用约定，a0 ~ a7 用于传递前 8 个参数 0 ~ 7，后面两个参数 8、9 只能通过函数栈来传递。对应的参数结构和寄存器值如图 5-3 所示。

栈位置	内容
sp+0	8
sp+4	9

寄存器	内容
a0	0
a1	1
a2	2
a3	3
a4	4
a5	5
a6	6
a7	7

图 5-3 大于 8 个参数的整型参数结构和寄存器值

注意，这里 sp 指的是调用者（Caller）函数的栈指针。

【例 5.3】 浮点数类型参数的传递

C 语言函数声明和调用语句如下：

```
double fadd (double v1, double v2);
fadd (2.50,  5.00);
```

被调用函数 fadd 的实参是 2 个浮点数类型。其对应的参数结构和寄存器值如图 5-4 所示。

寄存器	内容
fa0	2.50
fa1	5.00

图 5-4 浮点数类型参数结构和寄存器值

【例 5.4】 超过 8 个浮点数类型参数的传递

有 10 个浮点数类型参数的 C 语言函数声明和调用语句如下：

```
float ftest (float v1, float v2, float v3, float v4, float v5, float v6,
             float v7, float v8, float v9, float v10);
ftest (0.10, 1.10, 2.10, 3.10,4.10, 5.10, 6.10 ,7.10, 8.10, 9.10 );
```

被调用函数 ftest 的实参是 10 个浮点数类型。其对应的参数结构和寄存器值如图 5-5 所示。

寄存器	内容
fa0	0.01
fa1	1.10
fa2	2.10
fa3	3.10
fa4	4.10
fa5	5.10
fa6	6.10
fa7	7.10
a0	8.10
a1	9.10

图 5-5 超过 8 个浮点数类型参数结构和寄存器值

这个示例充分说明在 LoongArch ABI 的定义中，当浮点参数寄存器不够用时，如果整型参数寄存器还有剩余，那么剩下的浮点数类型参数可以使用整型参数寄存器来传递。

【例 5.5】 __int 128 类型参数传递（标量等于 2 × XLEN 示例）

使用 C++ 语言函数声明和调用语句如下：

```
#include <bits/stdc++.h>
void test (__int128 x);
test (0x2221111111111111111);
```

C++ 语言支持长度为 128 位的整型数据类型 __int128，其位宽在 LA64 架构下为 2 × XLEN，故函数 test 传参时需要 2 个寄存器用来传递参数。其对应的参数结构和寄存器值如图 5-6 所示。

寄存器	内容
a0	0x1111111111111111
a1	0x222

图 5-6 标量位宽等于 2 × XLEN 的参数结构和寄存器值

标量位宽等于 2 × XLEN 的情况很多，例如在 LA32 架构下寄存器宽度为 32 位（4 字节），而 C 语言数据类型 long long 的长度为 64 位（8 字节）；在 LA32 和 LA64 架构下浮点寄存器宽度都为 64 位（8 字节），而 C 语言数据类型 long double 的长度为 128 位（16 字节）。

2. 聚合体作为参数传递

聚合体是和标量相对的概念，聚合体是一个或多个标量的组合体，可对应 C 语言中的结构体类型、数组等。根据 LoongArch ABI 规定，聚合体作为参数传递有以下几种情况。

- 若一个聚合体的宽度不超过 XLEN 位，则这个聚合体可以在寄存器中传递，并且这个聚合体在寄存器中的字段布局同它在内存中的字段布局保持一致；若没有可用的寄存器，则在栈上传递。
- 若一个聚合体的宽度超过 XLEN 位，不超过 2×XLEN 位，则可以在一对寄存器中传递。若只有一个寄存器可用，则聚合体的前半部分在寄存器中传递，后半部分在栈上传递；若没有可用的寄存器，则在栈上传递聚合体。由于填充而未使用的位，以及从聚合体的末尾至下一个对齐位置之间的位，都是未定义的。
- 若一个聚合体的宽度大于 2×XLEN 位，则通过引用传递，并在参数列表中被替换为地址。传递到栈上的聚合体会对齐到类型对齐和 XLEN 中的较大者，但不会超过栈对齐要求。

LoongArch ABI 规定位域（Bitfield）以小端顺序排列。跨越其整型类型的对齐边界的位域将从下一个对齐边界开始。

对于空的结构体（Struct）、联合体（Union）参数或返回值，C 编译器会认为它们是非标准扩展并忽略；C++ 编译器则不是这样，C++ 编译器要求它们必须是分配了大小的类型（Sized Type）。

例如龙芯 64 位处理器上（XLEN=8）的 C 语言程序，当结构体作实参时，对于等于 8 字节或 16 字节的结构体，会把结构体内的成员变量展开到一个或两个参数寄存器中传递（也叫值传递）；当结构体大于 16 字节时，将结构体数据存入函数栈，并传递栈位置参数寄存器（也叫引用传递）。通过引用传递的实参可以由被调用方修改。

【例 5.6】 小于 2×XLEN 的结构体作为参数传递

```
/* C 语言示例 */
struct things{
  char v1;
  int v2;
  int v3;
} ={'a', 14, 256};

void fun(things);
```

这里被调用函数 fun 的实参是一个结构体 things，结构体的大小为 12 字节。其对应的参数结构和寄存器值如图 5-7 所示。

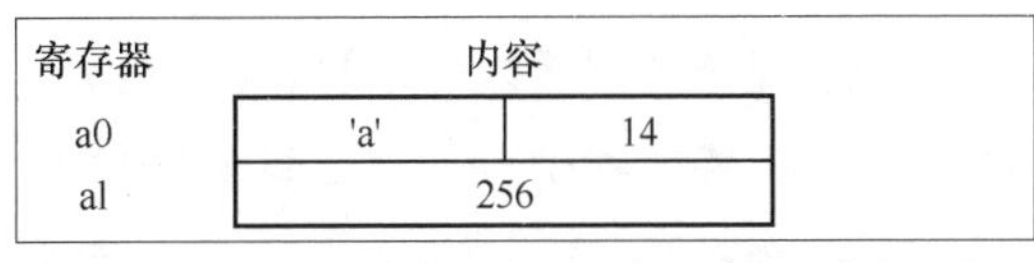

图 5-7 小于 2×XLEN 的结构体参数结构和寄存器值

【例 5.7】 大于 2×XLEN 的结构体作为参数传递

```
/* C 语言示例 */
struct things{
  char v1;
  int v2;
```

```
  int v3;
  long v4;
} ={'a', 14, 256, 6792};

void fun(things);
```

被调用函数 fun 的实参还是一个结构体 things，因自然对齐的内存存储需要，结构体的大小变为 24 字节。在 LA64 架构下也超过了 2×XLEN，故只能使用栈来传递此结构体，使用参数寄存器传递此结构体的起始地址（即结构体指针）即可。其对应的参数结构和寄存器值如图 5-8 所示。

栈位置	内容	寄存器	内容
sp+0	'a'	a0	sp+0
sp+4	14		
sp+8	256		
sp+16	6792		

图 5-8　大于 2×XLEN 的结构体参数结构和寄存器值

结构体中包含浮点数的 ABI 约定与前文所介绍的类似。若一个结构体只包含一个浮点实数，则这个结构体的传递方式同一个独立的浮点实数参数的传递方式一致。若一个结构体只包含两个浮点实数，这两个浮点实数都不超过 FLEN 位宽并且至少有两个浮点参数寄存器可用（寄存器不必是对齐且成对的），则这个结构体被传递到两个浮点寄存器中；否则，它将根据整型调用规范传递。若一个结构体只包含一个浮点复数，则这个结构体的传递方式与一个只包含两个浮点实数的结构体的传递方式一致，这种传递方式同样适用于一个浮点复数参数的传递。若一个结构体只包含一个浮点实数和一个整型（或位域），无论次序，则这个结构体通过一个浮点寄存器和一个整型寄存器传递的条件是：整型不超过 XLEN 位宽且没有扩展至 XLEN 位，浮点实数不超过 FLEN 位宽，至少一个浮点参数寄存器和至少一个整型参数寄存器可用，否则它将根据整型调用规范传递。

【例 5.8】　结构体位域排列方式示例

```
struct {int x:10;     int y:12;}   b1;
struct {short x:10;   short y:12;} b2;
```

这两个结构体最终大小都为 32 位，数据存放方式却不同。结构体 b1 中的数据存放方式为，x 位于 [0:9]，y 位于 [10:21]，高位 [22:31] 未定义。而结构体 b2 中的数据存放方式为 x 位于 [0:9]，y 位于 [16:27]，[28:31] 和 [10:15] 未定义。具体如图 5-9 所示。

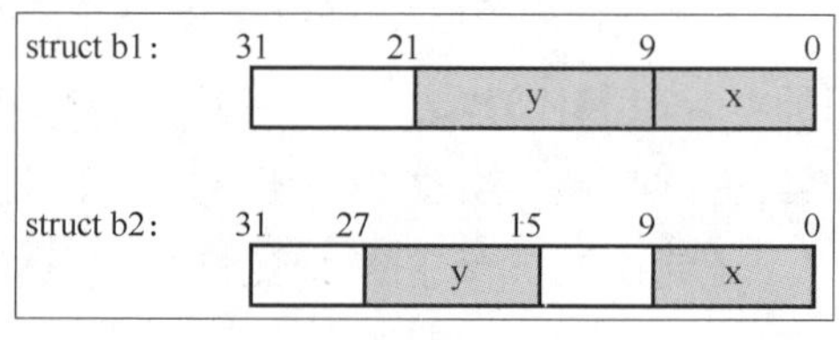

图 5-9　结构体中的数据存放方式

3. 可变参数的传递

LoongArch ABI 规定，在基本整型调用规范中，可变参数的传递方式与命名参数相同，但有一个例外。2×LEN 位对齐的可变参数和至多 2×LEN 位大小的可变参数通过一对对齐的寄存器传递（例如，寄存器对中的第一个寄存器为偶数），如果没有可用的寄存器，则在堆栈上传递。当可变参数在堆栈上被传递后，所有之后的参数也将在堆栈上被传递（例如，最后一个参数寄存器可能由于对齐寄存器对规则而未被使用）。

5.3.2 函数返回值传递

一个函数返回的数据类型可以是整型、指针类型、浮点数类型（单精度或双精度）、结构体（枚举类型归为结构体），或者无返回值（void 类型）。LoongArch ABI 对函数返回值传递规定如下。

- 当函数没有返回值时，不需要考虑返回寄存器的处理。
- 当函数返回类型是整型或者指针类型时，返回值存放在整型寄存器 v0 上。
- 当函数返回类型是浮点数类型（单精度或双精度）时，值存放在浮点寄存器 fv0 上；当函数返回类型是一个双精度浮点数（对应 C 语言的 long double）时，值存放在 fv0、fv1 上。
- 当函数返回类型是结构体（或者枚举类型）时，还要根据结构体内部成员情况细分：当返回类型是有一个或两个 float 或 double 类型的成员的结构体时，fv0 是返回值的第一个成员，fv1 是返回值的第二个成员（如果有）；当返回类型是有一个或两个整型成员的结构体时，v0 是返回值的第一个成员，v1 是返回值的第二个成员（如果有）；当返回类型大于 16 字节时，通过引用的方式传递返回值。

下面列举几个小例子来进行说明。

【例 5.9】 返回值类型为 int

```
/* C语言示例 */
int fun(){
    return 100;
}
```

函数 fun 的返回值类型为 int。返回值 100 存放在 v0 即可，如图 5-10 所示。

寄存器	内容
v0	100

图 5-10 int 类型返回值和寄存器使用

【例 5.10】 返回值类型为 long double

```
/* C语言示例 */
long double fun(){
    return 3.1415;
}
```

函数 fun 的返回值类型为 long double，长度为 16 字节，故需要 fv0、fv1 两个寄存器共同存放返回值，如图 5-11 所示。

寄存器	内容
fv0 fv1	3.1415

图 5-11 long double 类型返回值和寄存器使用

【例 5.11】 返回值类型为结构体

```
/* C 语言示例 */
typedef struct{
    char v1;
    int v2;
    long v3;
}Things;

Things fun(...);
```

函数 fun 的返回类型是一个结构体 Things，结构体中有 3 个成员变量 v1、v2 和 v3，且结构体小于 16 字节。其返回时将用 v0 和 v1 分别存放结构体数据，如图 5-12 所示。

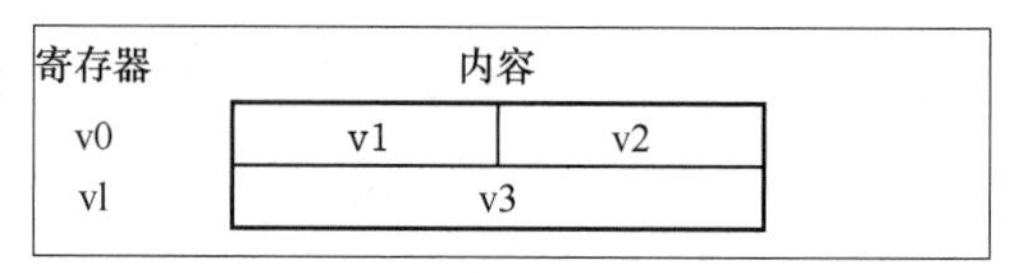

图 5-12 小于 16 字节的结构体返回值和寄存器使用

当结构体大于 16 字节时，将通过引用方式返回数据。C 语言实例语句如下：

```
typedef struct{
    char v1;
    int v2;
    long v3;
    long v4;
}Things;

Things fun(...);
```

此时结构体 Things 多了一个成员变量 v4，结构体大于 16 字节。其返回时将用 v0 存放结构体数据的地址引用，如图 5-13 所示。

寄存器	内容
v0	Things的地址

图 5-13 大于 16 字节的结构体返回值和寄存器使用

5.4 函数栈布局

LoongArch ABI 规定函数栈向下增长（朝向更低的地址），栈指针应该对齐到一个 16 字节的边界上作为函数入口，且在栈上传递的第一个实参位于函数入口的栈指针偏移量为零的地方，后面的参数存储在更高的地址中。函数栈在程序运行时动态分配，用来保存一个函数调用时需要维护的信息。这些信息包括函数的返回地址和参数、临时变量、栈位置。一个典型的函数栈如图 5-14 所示。

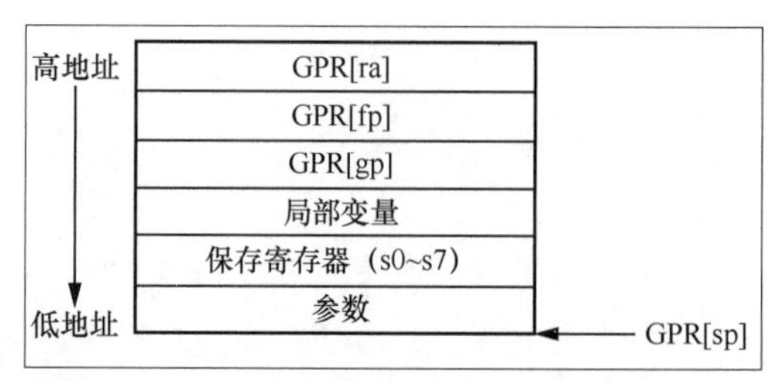

图 5-14 典型的函数栈

在图 5-14 中，GPR 表示通用寄存器，即 LoongArch 中的 32 个整型寄存器。GPR[sp] 代表通用寄存器 sp。每次函数开始的时候 sp 都会由预先指定的内存区域由高地址向下移动 *n* 字节来实现函数栈空间的分配。这里要求 *n* 必须是 16 的倍数。典型的分配函数栈指令如下：

```
addi.d    sp, sp, -48
```

这条加法指令相当于 C 语言表达式 sp = sp-48，即申请一个 48 字节的栈。函数栈空间分配的指令多出现在函数的开头，当函数返回时再通过 sp 指针向上移动 48 字节释放栈空间，指令如下：

```
addi.d    sp, sp, 48
```

有了函数栈空间，当函数内部寄存器不够使用时，或者发生函数调用时，就可以把一些数据存储到栈空间（通常被称为进栈），需要时再从栈空间加载到寄存器（通常被称为出栈）。

栈空间的分配是以进程为单位的。进程是系统进行资源分配和调度的基本单位。系统会在进程启动时指定一个固定大小的栈空间，用于该进程的函数参数和局部变量的存储。sp 的初始值就指向这个固定大小栈的栈底。该进程中的每一次函数调用，都会通过 sp 指针的移动来为函数在此空间划分出一块用作函数栈的空间，sp 指向栈顶。函数栈又被称作栈帧（Stack Frame），用通用寄存器 fp（r22）指向当前函数栈的栈底。fp 又被称作帧指针（Frame Pointer）。sp 和 fp 就限定了每个函数的栈边界，如图 5-15 所示。

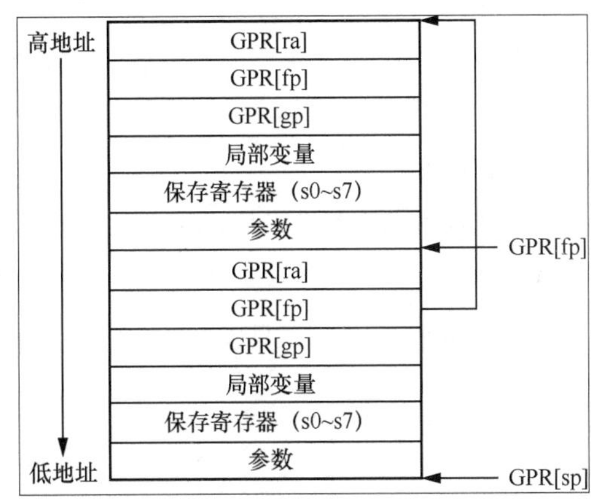

图 5-15　进程栈空间

在图 5-15 中，每个函数栈内部的 fp 都指向调用者函数的栈顶。当我们需要回溯函数调用关系或者动态堆栈管理时，通过当前函数里的 sp 和 fp，就可以得到上一个函数的 sp 和 fp，以此类推直到第一个函数。

5.5 系统调用约定

从用户程序的角度看，内核是一个透明的系统层，因为用户程序都通过 libc 库运行，而不会直接调用内核接口。内核是一个操作系统的核心，负责管理系统的进程、内存、设备驱动程序、文件和网络系统等，它是计算机硬件的第一层软件扩充，对上提供操作系统的应用程序接口（Application Program Interface，API），这些 API 也叫系统调用。通常 libc 库对这些系统调用的接口做了封装，被看作用户程序和内核的中间层，例如函数 printf 的调用过程如图 5-16 所示。

从图 5-16 可以看出，内核才是真正实现数据的输出显示，而 libc 库就是对此功能的接口封装。有了这层封装，用户程序就不用去关心过多的系统底层细节，也确保了用户程序具有更好的兼容性和移植性。内核提供的每个系统调用被赋予一个系统调用号，它就像是人的身份证号，用于唯一地标识一个系统调用接口。当用户空间的程序执行一个系统调用时，就会用到这个系统调用号，还指明要执行哪个系统调用。

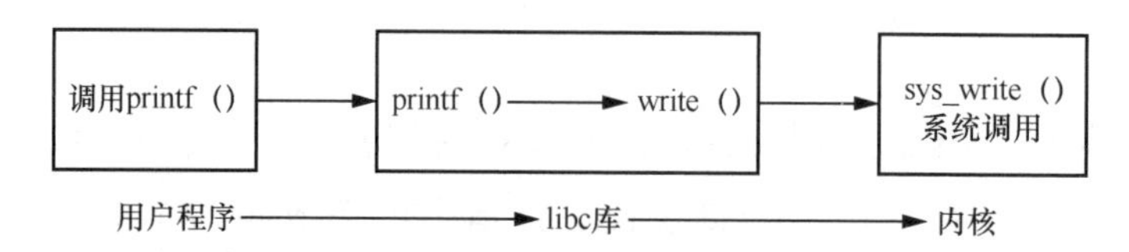

图 5-16 函数 printf 的调用过程

了解系统调用约定，在必要的时候我们就可以编写汇编程序直接实现对内核接口的调用。LoongArch ABI 规定寄存器 a7 用于传递系统调用号，寄存器 a0 ~ a6 用于传递参数，同时寄存器 a0 也用来传递返回值。不同于普通函数调用约定，系统调用回来以后，寄存器 a0 ~ a6 的值可能会被破坏掉。

内核提供的所有接口函数的名称及其系统调用号可以在内核源代码文件 include/uapi/asm-generic/unistd.h 或者系统文件 <asm/unistd.h> 中查到。下面列举了 LoongArch 部分内核提供的 I/O 接口函数、文件读写接口函数对应的函数名称及其系统调用号信息。

```
#define __NR_io_setup 0
__SC_COMP(__NR_io_setup, sys_io_setup, compat_sys_io_setup)
#define __NR_io_destroy 1
__SYSCALL(__NR_io_destroy, sys_io_destroy)
#define __NR_io_submit 2
__SC_COMP(__NR_io_submit, sys_io_submit, compat_sys_io_submit)
#define __NR_io_cancel 3
__SYSCALL(__NR_io_cancel, sys_io_cancel)
#define __NR_io_getevents 4
__SC_COMP(__NR_io_getevents, sys_io_getevents, compat_sys_io_getevents)

/* kernel/exit.c */
#define __NR_exit 93
__SYSCALL(__NR_exit, sys_exit)
#define __NR_exit_group 94
__SYSCALL(__NR_exit_group, sys_exit_group)
#define __NR_waitid 95
__SC_COMP(__NR_waitid, sys_waitid, compat_sys_waitid)

/* fs/read_write.c */
#define __NR3264_lseek 62
__SC_3264(__NR3264_lseek, sys_llseek, sys_lseek)
```

```
#define __NR_read 63
__SYSCALL(__NR_read, sys_read)
#define __NR_write 64
__SYSCALL(__NR_write, sys_write)
#define __NR_readv 65
__SC_COMP(__NR_readv, sys_readv, compat_sys_readv)
#define __NR_writev 66
__SC_COMP(__NR_writev, sys_writev, compat_sys_writev)
#define __NR_pread64 67
__SC_COMP(__NR_pread64, sys_pread64, compat_sys_pread64)
#define __NR_pwrite64 68
__SC_COMP(__NR_pwrite64, sys_pwrite64, compat_sys_pwrite64)
#define __NR_preadv 69
__SC_COMP(__NR_preadv, sys_preadv, compat_sys_preadv)
#define __NR_pwritev 70
__SC_COMP(__NR_pwritev, sys_pwritev, compat_sys_pwritev)
```

这些函数对应的接口声明在include/linux/syscalls.h中可以查到，例如内核提供的I/O接口函数、文件读写接口函数对应的声明如下：

```
asmlinkage long sys_io_setup(unsigned nr_reqs, aio_context_t __user *ctx);
asmlinkage long sys_io_destroy(aio_context_t ctx);
asmlinkage long sys_io_submit(aio_context_t, long,
              struct iocb __user * __user *);
asmlinkage long sys_io_cancel(aio_context_t ctx_id,
                    struct iocb __user *iocb,
                    struct io_event __user *result);
asmlinkage long sys_io_getevents(aio_context_t ctx_id,
                    long min_nr,
                    long nr,
                    struct io_event __user *events,
                    struct timespec __user *timeout);
asmlinkage long sys_io_pgetevents(aio_context_t ctx_id,
                    long min_nr,
                    long nr,
                    struct io_event __user *events,
                    struct timespec __user *timeout,
                    const struct __aio_sigset *sig);
```

```
asmlinkage long sys_exit(int error_code);
asmlinkage long sys_exit_group(int error_code);
asmlinkage long sys_waitid(int which, pid_t pid,
                struct siginfo __user *infop,
                int options, struct rusage __user *ru);

/* fs/read_write.c */
asmlinkage long sys_llseek(unsigned int fd, unsigned long offset_high,
            unsigned long offset_low, loff_t __user *result,
            unsigned int whence);
asmlinkage long sys_lseek(unsigned int fd, off_t offset,
            unsigned int whence);
asmlinkage long sys_read(unsigned int fd, char __user *buf, size_t count);
asmlinkage long sys_write(unsigned int fd, const char __user *buf,
                size_t count);
asmlinkage long sys_readv(unsigned long fd,
                const struct iovec __user *vec,
                unsigned long vlen);
asmlinkage long sys_writev(unsigned long fd,
                const struct iovec __user *vec,
                unsigned long vlen);
asmlinkage long sys_pread64(unsigned int fd, char __user *buf,
                size_t count, loff_t pos);
asmlinkage long sys_pwrite64(unsigned int fd, const char __user *buf,
                size_t count, loff_t pos);
asmlinkage long sys_preadv(unsigned long fd,
                 const struct iovec __user *vec, unsigned long vlen,
                 unsigned long pos_l, unsigned long pos_h);
asmlinkage long sys_pwritev(unsigned long fd, const struct iovec __user *vec,
                unsigned long vlen, unsigned long pos_l,
                unsigned long pos_h);
```

有了这些信息，我们就可以轻松使用系统调用指令 syscall 来实现一个内核接口函数的调用。

【例 5.12】 使用指令 syscall 实现字符串“hello world”的屏幕输出

要实现一个字符串的屏幕输出功能，需要使用的内核接口函数为 sys_write。其对应的系统调用号为 64，函数接口形式为

```
long sys_write(unsigned int fd, const char __user *buf, size_t count);
```

即有 3 个参数，分别传递文件描述符、待输出的字符串地址、字符串长度。1 个返回值用于接

收此接口函数的执行返回值。屏幕使用标准输出设备 /dev/stdout 的文件描述符为 1，字符串 “hello world” 长度为 11，地址由编译器来决定。具体实现汇编指令如下：

```
        li.d        a7, 64          # 将 sys_write 系统调用号 64 写到寄存器 a7
        li.d        a0, 1           # 将 /dev/stdout 文件描述符写到第一个参数寄存器 a0
        la.local    a1, .LC0        # 将字符串地址写到第二个参数寄存器 a1
        li.d        a2, 11          # 将字符串长度 11 写到第三个参数寄存器 a2
        syscall     0               #  系统调用
        .section        .rodata
.LC0:
        .ascii          "hello world"
```

这个示例没有对内核接口函数 sys_write 的返回值做接收处理，实际上返回值存在寄存器 a0 上。上述示例中的后 3 条不是 LoongArch 汇编指令，而是 GCC 编译器的汇编器指令，用于通知汇编器工作时将字符串“hello world”存放在当前进程的只读数据区，具体位置通过 .LC0 标注，使用时用伪指令 la.local 将其加载到指定的寄存器。这部分的详细语法在后面章节会介绍。

5.6 本章小结

本章通过多个示例，对LoongArch ABI做了详细介绍，包括数据类型、字节序列、地址对齐约定、寄存器使用约定、函数调用约定、函数栈布局、系统调用等。了解 LoongArch ABI，不仅有助于我们平时对汇编语言程序的阅读理解，更能帮助我们正确地编写汇编程序。当我们编写的汇编程序不得不和外部库进行交互时，比如外部库调用我们编写的汇编方法，或我们编写的汇编方法需要调用 libc 库的 print 函数，一定要了解并遵守 ABI 的约定。目标文件格式也是 ABI 中的一部分，里面也会涉及和体系架构相关的内容，这部分将在接下来的章节会详细介绍。

5.7 习题

1. 编写一段程序验证当前系统使用的字节序列。
2. 什么是函数栈？一个函数是否必须有函数栈？请举例说明。
3. 使用 objdump 工具查看如下 C 语言函数的指令生成情况，并描述其函数栈结构。

```
long test(int a, int b, int c, int d, int e, int f, int g, float h, int i)
{
    return 0;
}
```

4. 编写一段系统调用汇编指令，用于实现获取当前线程 TID 的功能。

第06章

LoongArch 目标文件和进程虚拟空间

目标文件（Object File）指的是编译器对源代码进行编译后生成的文件。前面章节介绍的经过 GCC 编译器编译生成的未链接的中间文件 hello.o，以及最终经过链接生成的不带文件扩展名的可执行文件 hello 都属于目标文件。目标文件包含编译后的机器指令、数据（全局变量、字符串等），以及链接和运行时需要的符号表、调试信息、字符串等。目标文件格式涵盖了程序的编译、链接、装载和执行的各个方面，所以了解目标文件的格式对认识系统、了解编译器运行机理、熟悉汇编语言都是有很大帮助的。目前主流的目标文件格式是 Windows 系统采用的 PE（Portable Executable，包括未链接的 .obj 文件和可执行的 .exe 文件）和 Linux 系统中采用的 ELF（Executable Linkable Format，包括未链接的 .o 文件和可执行文件）。龙芯处理器上运行的国产操作系统源于 Linux 系统，故本章将具体介绍 ELF 格式的目标文件。

6.1 ELF 文件格式解析

ELF 文件是用在 Linux 系统下的一种目标文件存储格式。典型的目标文件有以下 3 类。

- 可重定向文件（Relocatable File）：还未经过链接的目标文件。其内容包含经过编译器编译的汇编代码和数据，用于和其他可重定向文件一起链接形成一个可执行文件或者动态库。通常文件扩展名为 .o。
- 可执行文件（Executable File）：经过链接器链接，可被 Linux 系统直接执行的目标文件。其内容包含可以运行的机器指令和数据。通常此文件无扩展名。
- 动态库文件（Shared Object File）：动态库文件是共享程序代码的一种方式，其内容和可重定向文件类似，包含可用于链接的代码和程序，可看作多个可重定向文件的集合。通常文件扩展名为 .so。动态库用于两个过程，首先链接器把它和其他可重定向文件、动态库一起链接形成一个可执行文件。程序运行时，动态链接器负责在需要的时候动态加载动态库文件到内存。

ELF 文件中存放的是可以在处理器上执行的二进制指令和数据。不同的系统架构，ELF 里面的格式和数据处理方式会略有不同，但基本格式如图 6-1 所示。

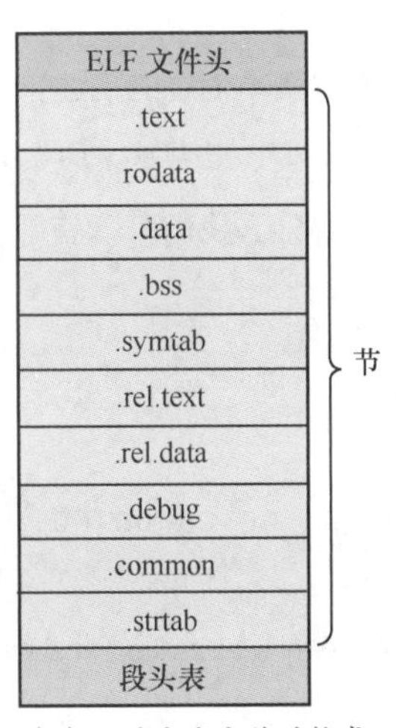

（a）可重定向文件的格式

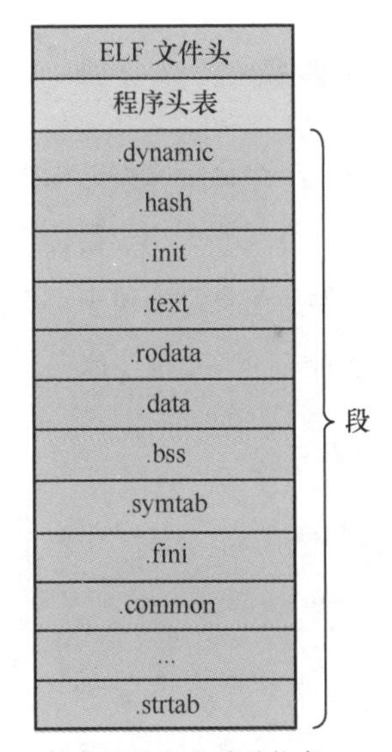

（b）可执行文件的格式

图 6-1 ELF 文件基本格式

从图 6-1 可以看出，不同目标文件类型，格式基本类似，内容略有不同。在图 6-1（a）中，可重定向文件的格式由 ELF 文件头（ELF Header）、节（Section）和段头表（Section Header Table）3 部分组成。在图 6-1（b）中，可执行文件的格式由 ELF 文件头、段（Segment）和程序头表（Program Header Table）3 部分组成。可重定向文件中的节和可执行文件中的段都存储了程序的代码部分、数据部分等，区别是可执行文件中的某个段就是结合了多个可重定向文件中的相关节，且代码部分是经过重定向的最终机器指令，如图 6-2 所示。

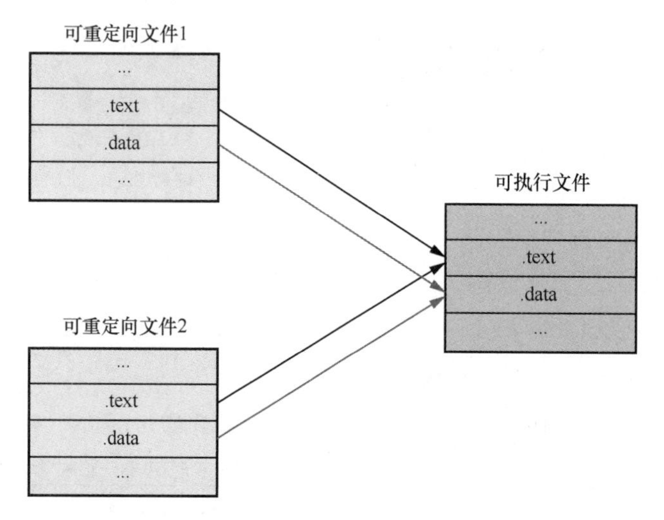

图 6-2　多个可重定向文件的相同节映射到一个可执行文件的段域

平时在工作中，很多程序开发人员并不会过多区分 Section 和 Segment，基本都将之称作段，甚至很多教材中也不会过多区分。所以，本章介绍中统一描述为“段”，在需区分处补充了英文以示不同。

6.1.1 ELF 文件头

ELF 文件头描述了一个目标文件的组织，是对目标文件基本信息的描述，包括字的大小和字节序列（尾端）、ELF 文件头的大小、目标文件类型、机器类型、节头表 / 段头表的大小和数量、程序入口点等。ELF 文件头信息必须位于目标文件的最开始部分。我们可以使用工具 readelf 来查看一个可重定向文件 hello.o 的 ELF 头信息。

```
$ readelf -h hello.o
 ELF 头:
  Magic:   7f 45 4c 46 02 01 01 00 00 00 00 00 00 00 00 00
  Class:                             ELF64
  Data:                              2 补码，小端序（little endian）
  Version:                           1（current）
  OS/ABI:                            UNIX - System V
  ABI Version:                       0
  Type:                              REL（可重定向文件）
  Machine:                           LoongArch
  Version:                           0x1
  入口点地址:                        0x0
  程序头起点:                        0（bytes into file）
  Start of section headers:          856 (bytes into file)
  标志:                              0x3, LP64
```

```
本头的大小:          64（字节）
程序头大小:          0（字节）
Number of program headers:          0
节头大小:            64（字节）
节头数量:            13
字符串表索引节头:  10
```

这里 readelf 的参数 -h 代表 header，表示查看目标文件的头信息。头信息中的部分域结果说明如下。

- 魔数（Magic）：用于确定文件的格式和类型。这里魔数的前 4 字节“7f 45 4c 46”标识了这是一个 ELF 格式的文件。第 5 字节“02”代表文件运行在 64 位体系架构（“01”代表 32 位）。第 6 字节“01”表示小尾端（02 代表大尾端）字节序列，通过后面的 Data 信息也可获知。第 7 字节“01”代表 ELF 版本。后面的 9 字节未定义。
- Type：标识当前文件类型，具体可为可重定向文件、可执行文件、动态库文件中的一种。当前头信息中显示当前目标文件类型是可重定向文件。可重定向文件的入口点地址都是 0x0，而且可重定向文件没有程序头，故程序头起点、程序头大小和 Number of program headers 都显示为 0 字节。
- Machine：标识处理器架构。当前结果 LoongArch 表示龙芯架构，其值为 258。
- Start of section headers：标识段头表数据在当前文件中的起始位置。这里值为 856 字节。
- 标志：用于特定于处理器的 ABI 类型。对于龙芯处理器，ABI 类型可以是 LP64s、LP64f、LP64d、ILP32s、ILP32f、ILP32d 中的一种。

6.1.2 可重定向文件中的段和段头表

一个可重定向文件中的段头表描述了 ELF 的各个段（Section）的信息，比如每个段的名称、长度、在文件中的偏移、读写权限、地址等。我们可以使用工具 readelf 带参数“-S”来查看可重定向文件 hello.o 中段头表的详细信息。

```
# readelf -S hello.o
There are 11 section headers, starting at offset 0x358:

节头:
[号] 名称           类型      地址             偏移量   大小   旗标 链接 信息 对齐
[0]                 NULL      0000000000000000 00000000 000000       0    0    0
[1] .text           PROGBITS  0000000000000000 00000040 000034 AX   0    0    4
[2] .rela.text      RELA      0000000000000000 000001b0 000150  I   8    1    8
[3] .data           PROGBITS  0000000000000000 00000074 000000 WA   0    0    1
[4] .bss            NOBITS    0000000000000000 00000074 000000 WA   0    0    1
```

```
[5] .rodata       PROGBITS 0000000000000000 00000078 00000e  A 0  0  8
[6] .note.GNU-stack PROGBITS 0000000000000000 00000086 000000    0  0  1
[7] .comment      PROGBITS 0000000000000000 00000086 00028  MS 0  0  1
[8] .symtab       SYMTAB   0000000000000000 000000b0 0000f0    9  8  8
[9] .strtab       STRTAB   0000000000000000 000001a0 000010    0  0  1
[10] .shstrtab    STRTAB   0000000000000000 00000300 000052    0  0  1
Key to Flags:
  W (write), A (alloc), X (execute), M (merge), S (strings), I (info),
  L (link order), O (extra OS processing required), G (group), T (TLS),
  C (compressed), x (unknown), o (OS specific), E (exclude),
  p (processor specific)
```

从段头表信息可以看出当前 hello.o 文件中共有 10 个段，段号从 1 至 10。每个段的段信息包括名称、类型、地址、偏移量、大小、旗标、链接、信息、对齐。

1. 段名

上面显示的第一列为段名，在上面信息中显示为名称。段名都以 . 开头，常见的段名有 .text、.data、.bss 等。从段名上可以直观了解此段的基本功能，例如 .text 段用于存放代码（即机器指令），也称为代码段；.data 段用于存放数据，也称为数据段；.rodata 段用于存放只读数据，也称只读数据段。常见的段名及其功能描述如表 6-1 所示。

表 6-1　常见的段名及其功能描述

段名	功能描述
.text	代码段，用于存放程序被编译器编译后的机器指令
.data 和 .datal	数据段，用于存放程序中已经初始化的全局静态变量和局部静态变量
.rodata 和 .rodatal	只读数据段，用于存放只读数据，如 const 类型变量和字符串常量
.bss	用于存放未初始化的全局变量和局部静态变量
.common	用于存放编译器的版本信息
.hash	符号哈希表
.dynamic	动态链接信息
.strtab	字符串表，用来存放变量名、函数名等字符串
.symtab	符号表，用于保存变量、函数等符号值
.shstrtab	段名表，用于保存段名信息，如“.text”“.data”等
.plt 和 .got	动态链接的跳转表和全局入口表
.init 和 .fini	程序初始化和终结代码段
.debug	调试信息

一个简单的 C 语言程序被编译成目标文件后，在目标文件中存放的位置如图 6-3 所示。

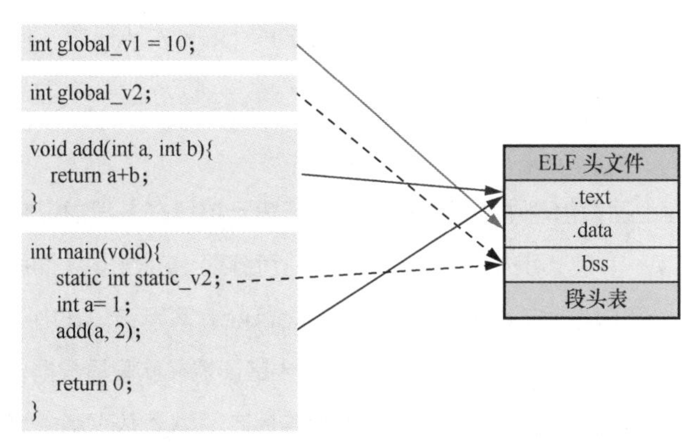

图 6-3　C 语言程序在目标文件中存放的位置

一般来说，C 语言程序编译成的机器指令都被存放在代码段（.text），已经被初始化的全局变量和局部静态变量都保存在数据段（.data），未被初始化的全局变量和局部静态变量都保存在 .bss 段。而一些字符串常量（使用宏定义 #define 声明）、不可改变的变量（使用 const 修饰）都存放在只读数据段（.rodata）。这样分段存储有很多好处。当程序运行时，不同段的内容被映射到内存中具有不同管理权限（例如只读、可写、可执行等）的区域，首先可以保证安全性（防止指令段数据被修改）；其次可以节省内存（当系统运行多个该程序时只需要各保存一份指令即可），同时也利于性能提升（提升缓存命中率）。

2. 段类型

对编译器来说，段名没有实际意义，决定段属性的是段类型（在上面段信息中显示为类型）和段标志（在上面段信息中显示为旗标）。段类型可分为程序段、重定位表段、符号表段等。常见的段类型及其含义如表 6-2 所示。

表 6-2　常见的段类型及其含义

段类型	含义
NULL	无效段，忽略
PROGBITS	程序段。.text、.data、.pdr、.common 都属于此类型
SYMTAB	符号表段。.symtab 就属于此类型，里面存放了链接过程需要的所有符号信息
STRTAB	字符串表段。.strtab 和 .shstrtab 都属于此类型。.strtab 用来保存 ELF 文件中一般的字符串，如变量名、函数名等；.shstrtab 用于保存段表中用到的字符串，如段名 Name
RELA	带加数的重定位表段。存放那些代码段和数据段中有绝对地址引用的相关信息，用于链接器的重定位。对应的段名有 .rela. text、.rela.data 等
HASH	符号表的哈希表
DYNAMIC	动态链接信息
NOTE	提示性信息
NOBITS	表示该段在文件中无内容，比如 .bss 段
REL	不带加数的重定位表段。功能同 RELA。对应的段名有 .rel.text、.rel.data 等

程序中段类型以 SHT_ 开头，如 SHT_NULL、SHT_SYMTAB 等，但是 readelf 显示时省略了 SHT_。

3．段标志

段标志（Flag）在上面段信息中显示为旗标，用于表示该段在进程虚拟空间中的访问属性。常见访问属性包括可写（Write）、可执行（Execute）、可分配（Alloc），而所有段都是可读的。例如上面段信息中的 .text 段的段标志 AX 代表 Alloc+Execute，表示该段在内存中的访问属性为可执行并且可以申请空间，但不可写。如果在程序执行过程中错误地往此段写数据，那么程序会触发一个 SIGSEGV 异常。上面段信息中的 .data 段、.bss 段的标志 WA 代表 Write+Alloc，表示该段可写并可分配空间；.symtab 段、.strtab 段的标志为空，即该段为只读，没有可写权限和可执行权限。

4．段地址、偏移量和大小

段地址（在上面段信息中显示为地址）记录了当前段被加载到内存后的虚拟起始地址值。因为当前 hello.o 文件是还未做重定向的目标文件，在进程中的位置还不确定，所以当前所有段的地址都显示为 0000000000000000 。如果我们读取最终的可执行文件 hello，那么段地址信息都将是类似如下显示的非零有效地址值。

```
[10] .text   PROGBITS   00000001200008f0   000008f0 000270   AX   0   0   16
```

这里虚拟地址 0x1200008f0 就是 .text 段最终被加载到内存后的虚拟地址。尽管理论上进程可以使用 40 位的全部虚拟地址空间，但是一般情况下进程并不能使用全部的虚拟地址空间，系统通常预留一部分虚拟地址空间用于自身配置。在龙芯平台下，一个进程大概可用的地址空间范围在 0x120000000 ~ 0xffffc48000。

偏移量（Offset）用来表示该段在 ELF 文件中的偏移。例如上面读取 hello.o 符号表信息中 .text 段的 Offset 值为 0x40（64 字节），而“readelf -h hello.o”显示的“本头的大小: 64（字节）”，说明 hello.o 的 ELF 文件中，头信息之后紧接着就是 .text 段。

大小（Size）用于表示该段的大小。例如上面信息中 .text 的大小为 000034（即十六进制 0x34），转换为十进制后表示代码段占用 160 字节；而 .data 段、.bss 段显示的大小都为 000000，表示此段没有内容，不占据内存空间。

5．段地址对齐

如果某段有地址对齐要求，那么段地址对齐（在上面的段信息中显示为对齐）就指定了地址对齐方式。例如上面的段信息中的 .text 段的对齐值为 4，即表示该段在内存中的起始地址必须以 4 字节对齐，即该段数据在内存存放的起始地址必须可以被 4 整除。当对齐值为 0 和 1 时，可看作此段没有对齐要求。上面段表信息中的 .bss 段、.data 段的对齐值都为 1，说明此段在内存中存放时没有对齐要求。

6.1.3 可执行文件中的段和程序头表

可重定向文件中描述 Section 属性结构叫段头表（Section Header Table），而可执行文件和动态库文件中描述Segment属性结构的叫程序头表（Program Header Table），它指导系统如何把多个段（Segment）加载到内存空间。前面说过Segment可以看作多个可重定向文件（.o文件）中的相同节（Section）的合并，即一个Segment包含一个或多个属性相似的Section。这里的属性相似更多是指权限（在段标志Flag中指定），链接器会把多个.o文件中的都具有可执行的.text和.init段都放在最终可执行文件中的一个Segment段内，这样的好处就是可以更多地节省内存空间。因为ELF文件被加载时以系统页为单位，如果一个ELF文件中有10个段且每个段的大小都小于一个内存页，那么按一个段占据一个内存页，当前进程就需要10个内存页。而如果链接器对具有相同权限的段合并到一起去映射，当前进程所需要的内存页肯定就会小于10，从而可以充分利用内存页，减少内存碎片。例如上面段表信息中的.data段和.bss段具有相同的权限WA，就可以被存放在同一个页或多个连续页上。程序头表中记录了那些具有相同权限的段被合并起来的信息。

我们可以使用readelf -S或readelf -l来查看一个可执行文件hello中的段信息和程序头表信息。

```
# readelf -l hello
Elf 文件类型为 EXEC（可执行文件）
Entry point 0x120000580
There are 9 program headers, starting at offset 64

程序头:
 Type          Offset       VirtAddr     FileSiz    MemSiz      Flags Align
 PHDR          0x000000040  0x120000040  0x0001f8   0x0000001f8  R    0x8
 INTERP        0x000000238  0x120000238  0x00000f   0x00000000f  R    0x1
 LOAD          0x000000000  0x120000000  0x0007f8   0x0000007f8  RE   0x4000
 LOAD          0x000003e30  0x120007e30  0x000230   0x000000238  RW   0x4000
 DYNAMIC       0x000003e40  0x120007e40  0x0001c0   0x0000001c0  RW   0x8
 NOTE          0x000000248  0x120000248  0x000044   0x000000044  R    0x4
 GNU_EH_FRAME  0x0000007a8  0x1200007a8  0x000014   0x000000014  R    0x4
 GNU_STACK     0x000000000  0x000000000  0x000000   0x000000000  RW   0x10
 GNU_RELRO     0x000003e30  0x120007e30  0x0001d0   0x0000001d0  R    0x1

Section to Segment mapping:
 段节...
 00
 01  .interp
 02   .interp .note.ABI-uag .gnu.hash .dynsym .dynstr .gnu.version .gnu.
version_r .rela.dyn .rela.plt .plt .text .rodata .eh_frame_hdr .eh_frame
 03  .init_array .fini_array .dynamic .got.plt .got .sdata .bss
 04  .dynamic
```

```
05    .note.ABI-tag .note.gnu.build-id
06    .eh_frame_hdr
07
08    .init_array .fini_array .dynamic
```

这里程序头信息中显示当前文件中共有 9 个段（Segment），编号从 00 至 08。从输出信息来看，Segment 中已经不再需要段名信息，但是对 Section 和 Segment 的对应关系做了保留，即后面的“Section to Segment mapping:”部分信息。所有具有相同访问属性的 Section 被归类到一个 Segment 中，例如都具有可读可执行权限的 .test、.rodata 段都被统一安排到编号为 02 的 Segment 中，02 对应程序头信息的第 3 行。

```
Type        Offset        VirtAddr      FileSiz       MemSiz        Flags   Align
LOAD     0x000000000   0x120000000    0x0007f8     0x0000007f8     RE    0x4000
```

其中，类型 LOAD 是指当程序运行时，本段是需要被加载到内存的。虚拟地址（VirtAddr）0x120000000 是指当该段被进程加载到内存时存放的起始地址；FileSiz 表示此段在 ELF 文件中所占空间的长度；MemSiz 表示此 Segment 在进程内存中所占的长度，对于代码段，此值和 FileSiz 相等，但是对于数据段，此值可能大于 FileSiz；权限属性（Flags）包括可读（R）、可写（W）和可执行（E），当前 02 段为代码段（.text）所在段，故权限为 RE，没有可写权限；对齐属性 Align 表示此 Segment 在内存加载时的对齐方式，其值为 2 的 Align 次方，比如上面的 Align 值为 4，那么对齐要求就是 16。

6.1.4 符号和符号表

在目标文件中，将函数和变量统称为符号（Symbol）。这里的变量是指不占用函数栈空间的全局变量或静态局部变量，不包括函数内的局部变量。函数名和变量名统称为符号名（Symbol Name）。每一个可重定向的目标文件中都会有一个符号表（Symbol Table），用于记录目标文件中所用到的所有符号及其符号名、符号类型、符号大小等信息。有了符号和符号表的存在，编译器在链接阶段才能正确地解析多个目标文件中的变量、函数之间的关系，配合重定位表来正确地完成重定位，最终正确地将多个目标文件合并在一起形成可执行文件或动态库文件。

符号按定义的种类可以分为局部符号、全局符号、外部符号和段符号这 4 类。

- 局部符号：对应 C 语言函数内部定义的静态局部变量和静态函数，例如下面的变量 a 和函数 fun()。

```
static int a;
static int fun(){
}
```

这里有两个整型局部符号，符号名分别为 a 和 fun。这类符号只在编译单元内部（当前目标文件内部）可见。

- 全局符号：定义在当前目标文件，但可以被其他文件引用的变量和函数。例如下面 C 语言程序中定义的两个符号名分别为 global_var 和 main 的全局符号。

```
int global_var;

int main(int arg ,char* arg[]){
}
```

- 外部符号（External Symbol）：在当前目标文件中引用的全局符号。比如我们经常使用的 printf 函数（定义在模块 libc 内的符号）或者使用 extern 声明的变量。
- 段符号：由编译器产生的 .text、.data 等段名也都称为符号。

一个目标文件中符号表所在的段为 .symtab。如果是可执行目标文件，还会有一个段 .dynsym 用于存放动态符号表。我们可以使用“readelf -s 文件名”来查看一个目标文件中的符号表信息。例如下面的 C 语言代码：

```
#include <stdio.h>
char* str="HELLO";
int global_var;

int main(){
    int a = 0,b = 0;
    static int static_a=0;

    printf("%s %d \n",str,a+b+static_a);
    return 0;
}
```

其编译后生成的可重定向文件 hello.o 中符号表信息如下：

```
$ readelf -s hello.o

Symbol table '.symtab' contains 13 entries:
  Num:    Value          Size Type    Bind   Vis      Ndx Name
    0: 0000000000000000     0 NOTYPE  LOCAL  DEFAULT  UND
    1: 0000000000000000     0 SECTION LOCAL  DEFAULT    1
    2: 0000000000000000     0 SECTION LOCAL  DEFAULT    3
    3: 0000000000000000     0 SECTION LOCAL  DEFAULT    5
    4: 0000000000000000     0 SECTION LOCAL  DEFAULT    6
    5: 0000000000000000     4 OBJECT  LOCAL  DEFAULT    5 static_a
    6: 0000000000000000     0 SECTION LOCAL  DEFAULT    7
    7: 0000000000000000     0 NOTYPE  LOCAL  DEFAULT    6 .LC0
```

```
     8: 0000000000000000     0  SECTION  LOCAL   DEFAULT     8
     9: 0000000000000000     8  OBJECT   GLOBAL  DEFAULT     3       str
    10: 0000000000000000     4  OBJECT   GLOBAL  DEFAULT    COM      global_var
    11: 0000000000000000    60  FUNC     GLOBAL  DEFAULT     1       main
    12: 0000000000000000     0  NOTYPE   GLOBAL  DEFAULT    UND      puts
```

从上面的信息可以看出，hello.o 文件中共有 13 个符号，编号（Num）从 0 到 12。每个符号都有如下属性。

- 符号值（Value）：每个符号都有一个对应的值，如果此符号是一个函数或变量，其符号值就是函数或变量的虚拟地址。上面 hello.o 是未做重定向的 ELF 文件，所以符号值都为 0。可执行文件中，符号值可能是符号的虚拟地址、符号所在函数偏移等。但对于 OBJECT 类型的符号，Value 列表示的是其对齐方式。
- 符号大小（Size）：对于变量，符号大小就是数据类型的大小，单位是字节。例如上述 C 语言示例中的变量 static_a 的数据类型为 int，所以其大小为 4 字节。字符串 str 的数据类型为指针，在 LA64 架构上为 8 字节。对于函数，符号大小就是该函数被编译器编译后的所有机器指令占用的字节数，例如符号 main 的大小为 60 字节，龙芯指令集中每条指令是 4 字节，可以推算出 main 函数被编译后共有 15 条机器指令。
- 符号类型（Type）分为如下种类。
  - ➢ NOTYPE：未知符号类型。包括目标文件中用于条件跳转的标签、在外部定义的符号等。
  - ➢ OBJECT：数据对象，比如 C 语言变量、字符串、数组等。
  - ➢ FUNC：函数或其他可执行代码。
  - ➢ SECTION：一个段。
  - ➢ FILE：文件名。
- 绑定信息（Bind）分为如下种类。
  - ➢ LOCAL：局部符号。例如上面定义的局部变量 static_a。
  - ➢ GLOBAL：全局符号。包括本文件内定义的全局变量 global_var、str、main 和外部函数 printf。
  - ➢ WEAK：弱引用符号。在这里没有体现。对于 C/C++ 语言，编译器默认函数和已经初始化的全局变量为强符号，而未初始化的全局变量和使用 __attribute__((weak)) 定义的变量为弱符号。
- Vis：可扩展符号功能，暂未定义其具体功能，可忽略。
- 符号所在段（Ndx）：如果符号定义在本目标文件中，那么这个成员表示符号所在的段在段表中的下标。比如静态变量 static_a 所在的段索引为 4。Ndx 还有如下 3 种特殊值。
  - ➢ UND：未定义。通常表示这是个外部符号，故不在本目标文件中定义。例如定义在 libc 库的 printf 函数或者使用 extern 声明的外部变量。
  - ➢ ABS：表示该符号包含一个绝对值，比如符号 hello.c。

➢ COM：表示该符号是个未初始化的全局符号，例如变量global_var。

- 符号名（Name）：符号表的最后一列。如static_a、.LC0、str、global_var、main和puts。还有的符号是没有名字的，只能通过编号来识别。没有名字的符号是段（从Type列的SECTION可以看出）或未知符号类型。

6.1.5 重定位和重定位表

重定位包括链接时重定位和加载时重定位。链接时重定位指的是在编译器链接阶段将多个可重定位目标文件合并成一个可执行目标文件时，对文件中所有的程序数据和函数调用指令进行地址确定的过程。链接时重定位不包括对动态库中数据加载和函数调用指令的定位，这个过程要在加载时重定位。加载时重定位就是针对动态库而言的，在程序运行过程中需要加载动态库时，对所有动态库中函数调用的绝对地址引用进行地址确定的过程。

对于同一个文件内的函数调用，由于函数之间的相对位置是固定的（在链接时同文件内的函数是连续存放的），所以不存在需要重定位的情况。故重定位指的是多个文件之间或多个模块之间（这里模块指动态库或可执行目标文件）存在函数调用和数据引用的处理。这里列举一个简单的链接时重定位的情况，在如下两个C语言文件中，a.c中调用了b.c文件中的temp函数，具体内容如下：

```
/* a.c */
extern void temp();
int main() {
    temp();
}
```

```
/* b.c */
void temp () {
    //do nothing
}
```

在编译器没有进行重定位之前的目标文件a.o和b.o中的指令信息为

```
$ objdump -d a.o

Disassembly of section .text:
0000000000000000 <main>:
  0:        02ffc063      addi.d      $r3,$r3,-16(0xff0)
  4:        29c02061      st.d        $r1,$r3,8(0x8)
  8:        27000076      stptr.d     $r22,$r3,0
  c:        02c04076      addi.d      $r22,$r3,16(0x10)
  10:  54000000     bl      0 # 10 <main+0x10>
   ...

$ objdump -d b.o

Disassembly of section .text:
```

```
0000000000000000 <temp>:
  0:    02ffc063        addi.d $r3,$r3,-16(0xff0)
  4:    29c02076        st.d   $r22,$r3,8(0x8)
  ...
```

前面介绍过，链接前的可重定位目标文件中的所有段的起始地址都是 0，当前 a.o 文件中的代码段（.text）中只有函数 main，故函数 main 的起始地址就为 0000000000000000 。b.o 文件中的代码段中只有函数 temp，故函数 temp 的起始地址也为 0000000000000000 。而相对跳转指令“bl 0”代表要进行函数 temp 的调用，但是这里跳转的目标地址为 0，证明现在还不清楚函数 temp 所在位置。要待链接时函数 temp 地址确定后，重新修正这条指令。

我们再看编译器链接后生成的可执行目标文件 a.out 中的相关函数地址和指令情况，具体如下。

```
$ objdump -d a.out

Disassembly of section .text:
000000012000066c <main>:
  12000066c: 02ffc063       addi.d   $r3,$r3,-16(0xff0)
  120000670: 29c02061       st.d     $r1,$r3,8(0x8)
  120000674: 27000076       stptr.d  $r22,$r3,0
  120000678: 02c04076       addi.d   $r22,$r3,16(0x10)
  12000067c: 54001c00       bl       28(0x1c)
  ...

0000000120000698 <temp>:
  120000698: 02ffc063       addi.d $r3,$r3,-16(0xff0)
  12000069c: 29c02076       st.d   $r22,$r3,8(0x8)
  ...
```

可以看到，在链接后的目标文件 a.out 中，函数 main 和 temp 的起始地址都已经确定，分别为 0x12000066c 和 0x120000698。用于调用函数 temp 的相对跳转指令 bl 中的地址也已经修正，由“bl 0”变为“bl 28”。当前 PC（0x12000067c）加上偏移值 28（0x1c）后的地址恰好为 0x120000698，即函数 temp 的起始地址。

编译器的链接过程最主要的两件事是地址分配和重定位。地址分配的过程就是处理所有输入文件（这里指的是 a.o 和 b.o），获取所有的符号信息、段长度、属性等信息，并以此为依据将相同属性的段合并和确定符号的地址，例如确定函数 main 和 temp 的起始地址为 0x12000066c 和 0x120000698。重定位过程在地址分配的基础上对数据加载指令或函数调用指令做地址确定并修改，例如将指令“bl 0”修改为“bl 28”。

但是，并不是所有的数据加载指令或函数调用指令都需要修改。那么哪些指令需要修改，如何修改呢？这就需要目标文件中的重定位表。在可重定位的目标文件中，每一个需要地址修正指令所在的段，都会对应一个重定位段。例如目标文件a.o中的代码段.text里面需要修正的指令bl，那么a.o中就会有一个“.rel.text”的段，段内记录了需要进行地址修正的指令所在位置、修正方法、修正后的符号名称等信息。如果代码段 .data 中也有需要地址修正的指令，还会有一个 .data.text 段与之对应。而重定位表对所有这些信息进行了记录。

这里使用命令“objdump -r ”查看 a.o 中的重定向信息：

```
$ objdump -r a.o
a.o:     文件格式 elf64-loongarch


RELOCATION RECORDS FOR [.text]:
OFFSET     TYPE        VALUE
0000000000000010 R_LARCH_SOP_PUSH_PLT_PCREL   temp
```

这说明在 a.o 中的代码段中有需要地址修正的指令，其所在当前目标文件中的偏移地址为 0x10，即上面 a.o 中的指令：

```
  10:  54000000      bl      0 # 10 <main+0x10>
```

符号名 temp 指明指令中地址修正后指向的目标是函数 temp。地址修正类型（也叫重定位类型）R_LARCH_SOP_PUSH_PLT_PCREL 指明如何做地址修正。每一个体系架构都有一套独立的地址修正类型，这属于架构 ABI 范畴。通过查看龙芯架构参考手册的 ABI 部分可知，这里 R_LARCH_SOP_PUSH_PLT_PCREL 代表修正方式是利用跳转目标地址与当前 PC 的相对寻址修正。这里跳转目标为函数 temp，其在链接过程地址分配之后确定的地址为 0x120000698，当前 PC 地址为指令“bl 0”所在地址 0x12000067c。那么相对寻址修正后的值为 0x1c（0x120000698-0x12000067c），修正后的跳转指令 bl 机器指令由之前的 54000000 修改为 54001c00 。

LoongArch ABI 支持的重定位类型多达 60 种，全面的重定位类型可参看龙芯架构参考手册的 ABI 部分，表 6-3 列举了部分 LoongArch 支持的重定位类型。

表 6-3 部分 LoongArch 支持的重定位类型

值	重定位类型	计算方式	说明
1	R_LARCH_32	*(int32_t *) PC = RtAddr + A	加载时重定位
2	R_LARCH_64	*(int64_t *) PC = RtAddr + A	加载时重定位
3	R_LARCH_RELATIVE	*(void **) PC = B + A	加载时重定位
29	R_LARCH_SOP_PUSH_PLT_PCREL	push (PLT - PC)	链接时重定位，相对地址修正

表 6-3 中列举了 4 种重定位类型。对于和一个重定位相关联的符号，计算方式中 RtAddr 代表这个符号的运行时地址，A 代表一个额外的加数，B 代表是该重定位的段所在模块被加载进内存的装载地址。

6.2 进程虚拟地址空间和页大小

龙芯架构参考手册中描述，应用软件能够访问的内存物理地址空间范围是 0 ~ $2^{PALEN}-1$。在 LA32 架构下，PALEN 理论上是一个不大于 32 的正整数，通常建议为 32；在 LA64 架构下，PALEN 理论上是一个不大于 64 的正整数，由实现决定其具体的值，通常 PALEN 在 [40,48]。应用软件可以通过执行 CPUCFG 指令读取 0x1 号配置字的 PALEN 域来确定 PALEN 的具体值。龙芯 3A5000 处理器（LA64 架构）上 PALEN 的值为 48，即支持的内存物理地址空间范围是 0 ~ $2^{48}-1$。当程序中访存指令的地址超出上述范围时，将触发异常。

现在除了对处理速度和内存大小要求比较苛刻的实时操作系统和嵌入式系统中会直接使用内存物理地址外，复杂一些的操作系统不会直接访问内存，而是使用虚拟地址空间。存储管理部件（Memory Management Unit，MMU）负责把虚拟地址转换成物理地址，对软件程序隐藏了物理地址的概念，从而使得进程可以安全且可并行地运行在系统的任何物理地址空间。每个进程都有一个独立的虚拟地址空间，这段虚拟地址空间被分成几个不同的区域来管理。图 6-4 展示了一个典型的 C 语言程序运行时的用户态虚拟内存布局。

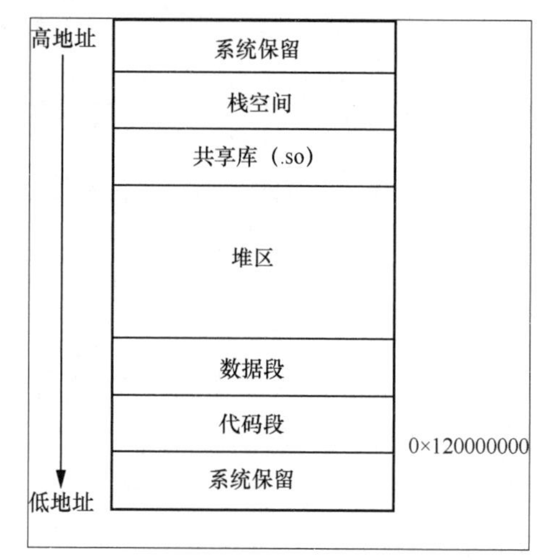

图 6-4　一个典型的 C 语言程序运行时的用户态虚拟内存布局

一个典型的进程至少包括代码段、数据段、栈空间、共享库和堆区等区域，有动态链接的进程可以动态创建更多的段空间。不同段空间的数据占据一个或多个内存页大小且有不同的访问权限，例如一般而言，代码段所在的内存页仅有读权限，而数据段通常可读可写。在 LoongArch 架构下，程序被加载到虚拟内存的起始地址为 0x120000000，0x000000000~0x120000000 段的地址为预留地址。

内存地址空间是按照页（Page）来组织的，页是 Linux 系统下内存管理的最小单元。不同的系统页大小可能不同，这取决于处理器、MMU 和系统配置（进程可以调用 sysconf 命令来修改当前系统的页大小）。我们可以通过如下命令查看当前系统的页大小：

```
$ getconf PAGE_SIZE
   16384
```

getconf 命令显示当前系统的页大小是 16384 字节，也就是 16KB。当程序被加载到内存时，小于 16KB 的段，将被加载到一个内存页；而大于 16KB 的段，将被加载到两个或多个连续的内存页。

6.3 可执行文件与进程虚拟地址空间的映射

系统启动一个进程时，首先要做的就是加载可执行文件中的数据到内存，然后才能运行。但并不是所有的数据都会被加载，一个典型的可执行文件中，只有程序头中记录的类型为 LOAD 的段才需要被加载到内存，其他段不需要加载到内存（仅用于辅助判断如何加载）。一个典型的可执行文件数据被加载到虚拟内存的情况如图 6-5 所示。

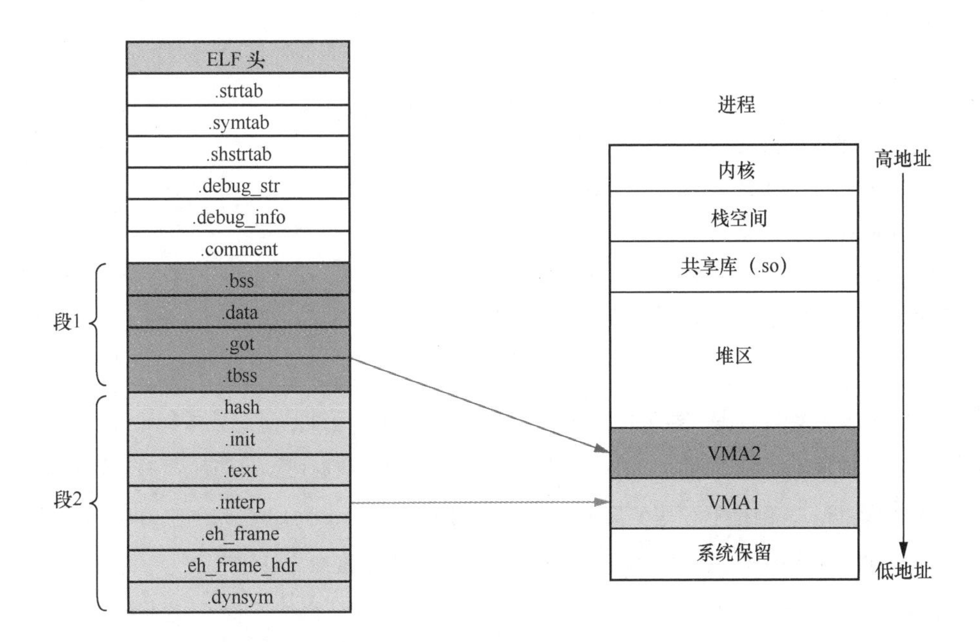

图 6-5　可执行文件与进程虚拟内存的映射关系

图 6-5 中，仅段 1 和段 2 需要被加载到内存，分别被放在 VMA2 和 VMA1。VMA 的全称为 Virtual Memorry Address，即虚拟地址空间。一个 VMA 可以占用一个页或者多个页，是页的整数倍。一般不同的 VMA 具有不同的权限，例如 VMA1 存放的是代码，权限为只读且可执行；而 VMA2 存放的是数据，权限为可读写且可执行。从图 6-5 可以看出，可执行文件在加载（映射）到内存时，ELF 文件头和调试信息（.debug_info、.debug_str 段等）是不需要的，而只需要加载部分段（如 .text、.bss、.data 段等）到内存，具体就是加载段类型为 LOAD 的段。

实际开发中，我们还可以通过“/proc/pid/maps”节点来查看一个进程的虚拟地址空间布局，其中 pid 为待查看的进程号。例如要查看系统进程号为 30828 的虚拟地址空间布局，可以使用命令“cat /proc/30828/maps”查看，显示出来的信息如下：

```
$ cat /proc/30828/maps
120000000-120004000 r-xp 00000000 08:00 100794371    /home/v/c-test/a.out
120004000-12000c000 rwxp 00004000 08:00 100794371    /home/v/c-test/a.out
fff718c000-fff72dc000 r-xp 00000000 08:11 3539724    /usr/lib/loongarch64-
linux-gnu/libc-2.28.so
fff72dc000-fff72f0000 r-xp 0014c000 08:11 3539724    /usr/lib/loongarch64-
linux-gnu/libc-2.28.so
```

```
fff72f0000-fff72f4000 rwxp 00160000 08:11 3539724    /usr/lib/loongarch64-
linux-gnu/libc-2.28.so
fff72f4000-fff72f8000 rwxp 00000000 00:00 0
fff7318000-fff7338000 r-xp 00000000 08:11 3539080    /usr/lib/loongarch64-
linux-gnu/ld-2.28.so
fff7338000-fff733c000 r-xp 0001c000 08:11 3539080    /usr/lib/loongarch64-
linux-gnu/ld-2.28.so
fff733c000-fff7340000 rwxp 00020000 08:11 3539080    /usr/lib/loongarch64-
linux-gnu/ld-2.28.so
fffb8ac000-fffb8d0000 rw-p 00000000 00:00 0                      [stack]
ffff07c000-ffff080000 r--p 00000000 00:00 0                      [vvar]
ffff080000-ffff084000 r-xp 00000000 00:00 0                      [vdso]
```

第一列为 VMA 地址范围；第二列为 VMA 的权限，可以是可读（r）、可写（w）、可执行（x）、私有（p）、可共享（s），例如 r-xp 表示此段虚拟地址空间数据可读、可执行并且是私有的（不能被其他进程访问），但是不可写；第三列为 VMA 对应的 Segment 在映射文件中的偏移；第四列表示映像文件所在设备的主设备号和次设备号；第五列表示映像文件的节点号；最后一列是映像文件的路径。

这里显示此进程共占用 12 个 VMA。进程使用的起始地址为 0x12000000。前两个 VMA（12000000~120004000、120004000~12000c000）映射到 ELF 文件的两个 Segment，分别用于存放当前程序的代码段（权限为 r-xp）和数据段（权限为 rwxp）。程序用到的动态库 libc-2.28.so 被映射到了接下来的 3 个 VMA。0x12000c000 ~ 0xfff718c000 的地址没有被映射，这段区域是堆区（Heap），程序中可以通过类似 malloc 函数来申请使用。ld-2.28.so 是 Linux 下的动态链接器，负责 libc-2.28.so 中和绝对地址相关的代码和数据的动态重定向过程，它占据了 3 个 VMA。地址 fffb8ac000~fffb8d0000 为进程栈空间。最后的 2 个 VMA（ffff07c000~ffff080000、ffff080000~ffff084000）分别被 vvar 和 vdso 模块占用，这两个模块是内核映射出来的 2 个区域，用于程序可以绕过系统调用 syscall 而直接和内核快速通信的一些接口，比如在大部分的体系架构中，gettimeofday 都是通过 vdso 直接实现来提高运行速度。

6.4 本章小结

本章介绍了 Linux 系统下目标文件的格式，包括 ELF 文件头信息、可重定向文件中的段和段表、可执行文件中的段和程序头表、符号和符号表，以及重定位和 LoongArch 架构相关的重定位类型。本章在介绍相关知识点时使用到了 readelf 和 objdump 工具，分别用于查看目标文件中的各种头信息 / 段信息和反汇编段中的二进制指令。在 Linux 系统中还有其他工具可以帮助你理解和处理目标文件，例如用于创建静态库的 AR 工具、用于从目标文件中删除部分符号表信息的 STRIP 工具、用于列出一个可执行文件的共享库信息的LDD等。希望读者在工作、学习中多了解并使用相关工具，以此来加深对 ELF 格式的认识。

6.5 习题

1. 如何确定一个目标文件的机器类型？
2. 目标文件为何会将程序指令和程序数据放在不同的段？
3. 可重定位目标文件和可执行目标文件的区别是什么？
4. 什么是动态库，使用动态库的优点是什么？

第 07 章

编写 LoongArch 汇编源程序

本书的前几章介绍了 LoongArch 基础指令集和软件标准（ABI）等，有了这些基础知识，相信我们可以轻松地阅读一些汇编程序。但是如何编写汇编程序呢？编写汇编程序有两种常用方式，即汇编源程序和内嵌汇编。汇编源程序作为汇编器（Assembler，简写为 as，也称汇编程序）的输入，程序代码由汇编器指令（Assembler Directive，与架构无关）和汇编指令（Instruction，与架构相关）两部分构成。写好的汇编源程序文件（文件扩展名为 .s 或者 .S）可以直接交由汇编器处理成机器指令。内嵌汇编是指嵌入在 C/C++ 语言源文件中的一段汇编源程序，是实现汇编语言和高级语言混合编写的语法规范。本章介绍汇编源程序的语法规则和编写实例，第 08 章将介绍内嵌汇编的编写规范。

7.1 汇编源程序 .s 文件和 .S 文件

在第 02 章介绍 GCC 编译的过程中简单介绍过，汇编器的功能是把汇编源程序的代码转换成处理器可用的机器指令并封装成目标文件。汇编源程序有两种文件扩展名：.s 和 .S。区别在于 .s 文件中仅包含和 CPU 架构相关的汇编指令、和汇编器相关的汇编器指令、注释等，第 02 章介绍的 GCC 编译过程产生的中间文件就有 .s 文件；而扩展名为 .S 的文件通常是程序员编写的汇编源文件，此文件除了包括 .s 文件所有内容，还可以有 C 语言的宏定义和预处理命令（以“#”开头的语句）等，这部分内容是汇编器无法处理的，需要 GCC 工具（具体来说是 cc1）来完成预处理后再交由汇编器处理。.S 处理后的输出文件是 .s。对 GCC 编译器来说，使用 .S 文件，就省略了 .c 文件到 .i 文件的过程，可以直接对 .S 进行编译产生对应的 .s 文件。图 7-1 描述了 .S 文件和 .s 文件在 GCC 编译流程中所处的位置。

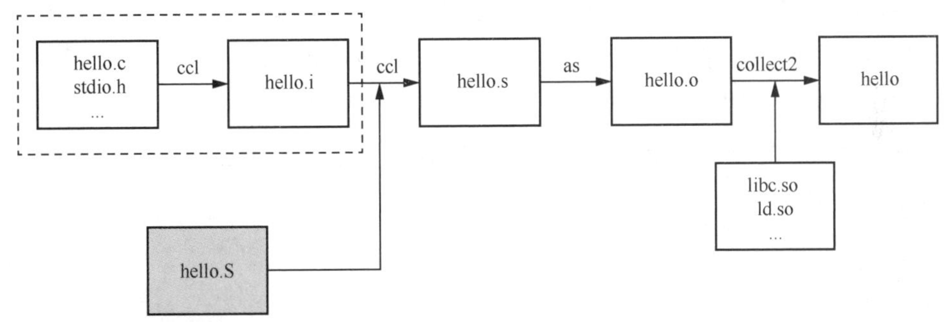

图 7-1 汇编源文件的编译过程

7.2 汇编源文件中的汇编器指令

汇编指令是机器指令的易读版，所以汇编指令和机器指令一一对应，在 GCC 编译的汇编阶段，汇编器会将汇编指令翻译成机器指令并存放到目标文件中。汇编器指令和汇编指令完全不同，汇编器指令是为汇编器而生的，是用于指导汇编器如何定义变量和函数、汇编指令在目标文件中如何存放等。即汇编器指令是指导汇编器工作的指令。本节将从符号定义相关、逻辑控制相关两个方面来详细介绍汇编源文件中的汇编器指令。

7.2.1 符号定义相关的汇编器指令

第 06 章介绍目标文件格式 ELF 时，提到过函数和变量都称为符号，这个概念在这里也适用。编写汇编源程序和使用高级语言一样，需要定义程序需要的常量、变量、函数等符号。汇编器指令中和符号定义相关的指令如下。

1. 定义一个字符串变量

在汇编源程序中定义一个字符串变量需要包括的完整信息有字符串名称、字符串内容、字符串大小、符号类型、对齐方式、变量作用域、变量所在段等。下面是一个使用 C 语言定义的字符串变量及其对应的汇编器指令。

```
//C 语言
char str[10] = "hello";

// 汇编器指令
.globl str                    # 指定符号 str 的作用域为全局
.data                         # 指定符号 str 所在段为 .data
.align 3                      # 指定符号 str 为 8 字节对齐
.type  str, @object           # 指定符号 str 的类型为对象
.size  str, 10                # 指定符号 str 大小为 10 字节
str:                          # 指定符号名称为 str
.ascii "hello\000"            # 指定符号 str 的内容
```

示例中已经标注了当前定义的字符串相关信息。其中字符串变量内容除了使用汇编器指令 .ascii 定义外，还可以使用汇编器指令 .asciz 和 .string。三者都可以用于定义一个字符串，且可不带参数或者带多个由逗点分开的字符串，用于把汇编好的每个字符串存入连续的地址。其中 .ascii 在字符串末尾不自动追加零字节；而 .asciz 则会在字符串后自动添加结束符 \0，其中的“z”代表“zero”。下面 3 种定义字符串的方式是等价的。

```
.ascii  "hello\0"
.asciz  "hello"
.string  "hello"
```

这里 .string 实际上是 .string8 的缩写。汇编器指令 .string 是区分字符宽度的，具体宽度有 .string8、.string16、.string32、.string64，分别表示一个字符占用 8 位、16 位、32 位、64 位，且存放时有尾端区分。当使用默认 .string（即 .string8）时，可以看作和 .asciz 等价。例如定义字符串 .string "Hello World" 在龙芯 3A5000 小尾端机器上的目标文件（.o 文件）中存放方式为

```
地址         数据
0:           6c6c6568          #ASCII 值 lleh
4:           6f77206f          #ASCII 值 ow o
8:           00646c72          #ASCII 值 _dlr
```

而定义成 .string16 "Hello World" 后，此字符串在汇编后的目标文件中存放方式为

```
地址         数据
0:           00650068          #ASCII 值 _e_h
4:           006c006c          #ASCII 值 _l_l
8:           0020006f          #ASCII 值 _ _o
c:           006f0077          #ASCII 值 _o_w
10:          006c0072          #ASCII 值 _l_r
14:          00000064          #ASCII 值 _ _d
```

这里为了更直观地显示，备注说明中使用 _ 代替了 ASCII 表中的 NUL 值。

当源文件中要使用的字符串是临时且无名的，可以使用标签 .LC0、.LC1 等代替。

2. 定义一个整型变量

在汇编源程序中定义一个整型变量和定义一个字符串变量类似，需要的信息包括变量名称、变量值、变量大小、变量类型、对齐方式、作用域和变量所在段等。下面是一个使用 C 语言定义的整型变量及其对应的汇编器指令。

```
//C 语言
static int int_v=20;

// 汇编器指令
        .data
        .align 2
        .type  int_v, @object
        .size         int_v, 4
int_v:
        .word  20
```

汇编器指令中用于定义数据长度的汇编指令有 .byte value、.half value、.word value、.dword value。.byte 用于定义一字节（8 位）的地址空间，其他命令所定义的空间大小依赖于具体系统，value 为变量值。在 LoongArch 中，.half 为 2 字节、.word 为 4 字节、.dword 为 8 字节。这里变量 int_v 为 int 类型，故使用的数据类型为“.word 20”，数据长度 .size 为 4 字节。

3. 定义一个函数

在汇编源程序中定义一个函数，需要的信息包括函数名称、函数汇编指令（可以使用宏指令）、变量大小、变量类型、对齐方式、作用域和变量所在段等。下面是一个使用 C 语言定义的函数及其对应的汇编器指令。

```
//C 语言
int add(int a, int b){
  return a+b;
}

// 汇编器指令
        .text                                     # 指定符号 add 数据存放在代码段
        .align 2
        .globl add
        .type  add, @function
add:
        add.w  $a0, $a0, $a1
```

```
    jr      $r1
    .size  add, .-add
```

函数一般都会放在代码段，故这里指定符号 add 所在段为 .text。前面列举的字符串变量和整型变量的类型都为 @object，而函数 add 的类型要定义为 @function，说明这是一个函数，且通过“.globl add”指定这是一个全局函数。函数符号“add:”后面就可以写汇编指令用于实现相应的函数功能，这里仅包含 add.w 和 jr 两条指令。

符号 add 的大小使用“.size add, .-add”格式定义，其中 add 表示符号（函数）名称。.-add 表示指令占用的内存大小为当前位置（.）减去函数 add 的起始位置，当前函数一共 2 条指令，即 8 字节大小。这里为何使用“.size add, .-add”而不是“.size add, 8”呢？原因是大部分汇编源文件中存在可能被扩展成多条机器指令的宏指令，例如 li.w/li.d，这时函数实际占用内存大小需要汇编器完成机器指令翻译后才能确定，故这里对函数大小的定义使用函数符号的动态计算方式。

4. 符号定义相关的汇编器指令说明

（1）设置符号类型

定义符号类型的汇编器指令为 .type，其后面常跟的类型有 @function 和 @object，分别表示当前符号为函数和变量。

```
.type   add, @function      # 符号 add 的类型为函数
.type   v1, @object         # 符号 v1 为变量（对象）
```

（2）设置符号大小

汇编器指令“.size name , expression”用于设置符号（包括变量和函数）的大小，name 为符号名称。当设置变量大小时，expression 为一个正整数；当设置函数大小时，expression 通常为“.-name”表达式。

```
.size  short_v, 2       # 设置变量 short_v 的大小为 2 字节
.size  main, .-main     # 设置函数 main 的大小为当前位置减去 main 起始位置
```

（3）指定符号对齐方式

汇编器指令“.align expr”用于指定符号的对齐方式，expr 为正整数，用于指示接下来的数据在目标文件中存放地址的对齐方式。不同架构下 expr 代表的意思不同，例如 x86 中 .align 4 代表 4 字节对齐，而 LoongArch 中为 2 的 4 次方即 16 字节对齐。

如果想避免因不同架构 .align 对 expr 定义不同而带来的不可移植性，可以使用其另外两个变种 .balign 和 .p2align。指令“.balign 4”在任何架构都代表 4 字节对齐。

（4）指定符号的作用域

和 C 语言一样，在汇编源文件中定义一个变量或函数符号时也要声明其作用域，用于标识当前符号的作用范围。默认情况下不指定当前符号作用域，符号作用域为当前汇编源文件内可见。其他情况需要使用的相关汇编器指令有“.globl symbol”“.common symbol”“.local symbol”。

“.globl symbol”用于指定符号 symbol（通常为一个全局变量或者非静态成员函数）为全局可见，即对链接器（ld）中其他源文件可见。

【备注】出于兼容原因，.globl 还有一种写法是 .global。

“.common symbol”声明一个通用符号（Common Symbol）。这里的通用符号可理解为 C 语言中未初始化的全局变量。在多个汇编源文件中出现的同名通用符号，在编译器的链接阶段可能会被合并，合并的结果是保留占用空间最大的一个。例如在两个汇编源文件 a.S 和 b.S 里都定义了名为 v1 的全局变量，但是数据类型不同，具体如下：

```
/* a.S 文件 */
.comm v1,4, 4

/* b.S 文件*/
 .comm v1,8, 8
```

在文件 a.S 中的符号 v1 为 4 字节，而在文件 b.S 中的同名符号 v1 为 8 字节，那么链接后，这两个源文件会被合并到一个目标文件，目标文件中仅保留一个 8 字节的符号 v1。

“.local symbol”用于声明一个类似 C 语言中的未初始化的局部静态变量定义。

```
//C 语言变量
static int static_v1;

// 汇编器指令
  .local  static_v1
```

7.2.2 逻辑控制相关的汇编器指令

这里的逻辑控制包括指定符号数据存放段、常量设置和条件编译、本地标签和程序跳转、编译调试、文件引用、循环展开、宏定义等功能。

1. 指定符号数据存放段

在本书第 06 章中介绍目标文件 ELF 格式时介绍过，汇编器会把程序中不同的数据放到不同的段，例如将可执行的机器指令放在代码段（.text）、已经初始化的变量放在数据段 .data、未初始化的变量放在 .bss 段等。在汇编源文件中，可以使用“.data subsection”“.text subsection”等汇编器指令分别指定接下来的语句要存放在目标文件的数据段和代码段。当需要指定更精细的段类型时，可以使用“.section name”。

例如 7.2.1 小节中定义一个整型变量和函数 add 分别放在数据段和代码段。

```
       .data    # 指定接下来的数据存放到目标文件的数据段
str:
        .ascii "hello\000"
```

```
        .text          # 指定接下来的数据存放到目标文件的代码段
add:
```

其实如果我们知道本程序中字符串 "hello\0" 仅仅用于输出到终端显示，那么可以更精细地将其指定到只读数据段。

```
        .section .rodata    # 指定接下来的数据存放到目标文件的 .rodata 段
str:
        .ascii    "hello\0"
```

2. 常量设置和条件编译

汇编器指令“.set symbol,expression”可用于常量设置，类似 C 语言中的宏定义，可以配合汇编器指令 .if、.else、.endif 使用，从而一起完成一些条件编译。例如要实现一个有条件的输出功能，代码示例如下：

```
        .set FLAG,0
.LC0:
        .ascii    "Hello World 1 !\000"
.LC1:
        .ascii    "Hello World 2 !\000"
main:
        addi.d    $sp,$sp,-8
        st.d      $ra,$sp,0
.if FLAG == 1
        la.local $r4,.LC0
.else
        la.local $r4,.LC1
.endif
        bl        %plt(puts)
```

指令“.if FLAG == 1”“.else”“.endif”说明当宏值 FLAG 为 1 时，输出字符串“Hello World 1 !”，否则输出“Hello World 2 !”。目前源文件中的汇编器指令“.set FLAG,0”将符号 FLAG 定义为 0，故最终结果输出“Hello World 2 !”。

和 .set 等价的命令还有“.equ symbol, expression”，该命令也是把符号 symbol 值设置为 expression。

汇编器指令中和条件判断 .if 类似的命令还有几个，.if 的变体具体如表 7-1 所示。

表 7-1　汇编器指令 .if 的变体

命令	功能
.ifdef symbol	如果符号 symbol 已经被定义过，汇编接下来的代码
.ifndef symbol	如果符号 symbol 不曾被定义过，汇编接下来的代码，等同于 .ifnotdef symbol

续表

命令	功能
.ifc string1,string2	如果两个字符串相同，汇编接下来的代码， 等同于 .ifeqs string1,string2
.ifnc string1,string2	如果两个字符串不相同，汇编接下来的代码
.ifeq expression	如果 expression 值为 0，汇编接下来的代码
.ifge expression	如果 expression 的值大于或等于 0，汇编接下来的代码
.ifgt expression	如果 expression 的值大于 0，汇编接下来的代码
.ifle expression	如果 expression 的值小于或等于 0，汇编接下来的代码
.iflt expression	如果 expression 的值小于 0，汇编接下来的代码

对于条件编译，也可以在汇编源文件中直接使用 C 语言中的 #ifdef、#else、#endif 等预处理命令。当使用 C 语言预处理命令时，汇编源文件不能直接使用汇编器编译，需要提前使用 GCC 预处理工具 cc1 进行预处理命令的翻译。

3. 本地标签和程序跳转

为了方便程序的编写，汇编器指令中提供一种本地标签（Local Label），用于逻辑跳转。本地标签可采用编号（可以为数字、字母、特殊字符或其组合）加冒号“:”的格式，即“N:”，这里的 N 为正整数。使用时，还可以通过另外两种表示方式（Nf 和 Nb）来进行同名标签的位置方向索引。其中，Nf 中的 f 代表 forward，用于指示紧接着的下一个同编号的标签；Nb 中的 b 代表 backward，用于指示紧接着的上一个同编号的标签。GNU 汇编手册中对此给了一个很清晰的示例:

```
1: branch 1f      # 向后跳转到第 3 条（即 1: branch 2f）位置
2: branch 1b      # 向前跳转到第 1 条（即 1: branch 1f）位置
1: branch 2f      # 向后跳转到第 4 条（即 2: branch 2b）位置
2: branch 1b      # 向前跳转到第 3 条（即 1: branch 2f）位置
```

这个示例中有两个同名的本地标签 1: 和 2:，其中 branch 指代任何架构中的跳转指令，在 LoongArch 中，可以使用 b、bl、beq、jirl 等指令。整个跳转过程已经使用行注释标出。整个过程如果使用 4 个不同标签名可以等价实现为

```
label_1: branch label_3
label_2: branch label_1
label_3: branch label_4
label_4: branch label_3
```

4. 编译调试

可用于汇编器编译过程中的信息输出的指令有“.print string”“.fail expression”“.error string”和“.err”。

“.print string”会让汇编器在标准输出上输出一个字符串。

“.fail expression”会生成一个错误（error）或警告（warning），当 expression 的值大于或等于 500 时，汇编器会输出一条警告信息；当 expression 的值小于 500 时，汇编器 as 会输出一条错误信息；expression 默认值为 0，可直接写成“.fail”。

“.err”可以在汇编过程中输出一条默认的错误信息，如果要自定义错误信息类型可以使用“.error string”指令。这些指令在复杂的宏嵌套或条件汇编时会帮助我们定位问题。

具体使用调试指令示例如下：

```
.print "this is a test for print" # 输出信息：this is a test for print
.fail 499                         # 输出信息：warning：.fail 500 encountered
.fail                             # 输出信息：error：.fail 0 encountered
.err                              # 输出信息：error：.err encountered
.error "error happen"             # 输出信息：error：error happen
```

5．文件引用

在汇编源文件中引用其他文件有两种方式。一种是使用汇编器指令“.include "file"”，默认引用文件路径为当前目录（Linux 系统中为符号“.”），当被引用文件的路径不在同目录时，可以通过汇编器的命令行选项参数“-I”来控制搜索路径；另一种是使用 C 语言预处理命令“#include”，这时要求汇编器文件必须是 .S，且要通过 GCC 工具（具体为工具 cc1）进行预处理。

下面是使用汇编器指令“.include "file"”引用文件的示例。

```
#ref.S
     .text
add:
     add.d $r4, $r5, $r4
     jr $r1

#main.S
    .include "ref.S"
```

这里有两个汇编源文件，分别为 ref.S 和 main.S。ref.S 中定义了一个名为 add 的函数。当另一个文件 main.S 中想要使用此函数接口时，就需要使用指令“.include "ref.S"”。

6．循环展开

汇编器指令“.rept count”和“.endr”可用于将其内部的语句循环展开 count 次。例如：

```
.rept 3
nop
.endr
```

这就相当于通知汇编器在目标文件中生成 3 条 nop 指令，这与直接编写 3 条 nop 指令是等价的。

```
    nop
    nop
    nop
```

当需要根据实际情况插入不同数量 nop 指令来实现地址对齐时，使用循环展开指令是很方便的。

还有一种循环展开命令，其格式为“.irp symbol,values ...”，实现用 values 替代 symbol 的语句序列，也以 .endr 为结尾。指令中使用 symbol 的格式为“\symbol”。例如要实现将多个寄存器存储到函数栈上，可写为如下形式：

```
.irp n,4,5,6,7,8,9,10,11,12
st.d $r\n, $sp,\n*8
.endr
```

这里实现的是将编号 r4 ~ r12 的寄存器存储到函数栈上。此命令在目标文件中最终展开后的指令如下：

```
    st.d      $r4,   $sp,32(0x20)
    st.d      $r5,   $sp,40(0x28)
    st.d      $r6,   $sp,48(0x30)
    st.d      $r7,   $sp,56(0x38)
    st.d      $r8,   $sp,64(0x40)
    st.d      $r9,   $sp,72(0x48)
    st.d      $r10,  $sp,80(0x50)
    st.d      $r11,  $sp,88(0x58)
    st.d      $r12,  $sp,96(0x60)
```

7. 宏定义

汇编器指令“.macro name args”功能上类似 C 语言中宏定义功能，其中 name 为宏名称，args 为参数，以 .endm 结尾。例如实现一个可以根据不同参数生成不同数量的 nop 指令的宏定义示例如下：

```
  .text
  .macro INSERT_NOP a
  .rept \a
   nop
  .endr
  .endm
```

这里使用 .text 来指示接下来的指令存放位置在最终目标文件的代码段。宏名称为 INSERT_NOP，参数为 a。宏定义体中使用参数时的格式为“\ 参数”，例如 \a。.macro 的参数可以为 0，也可以为多个参数。当参数为多个时，参数之间可以用逗号或空格分隔。当程序使用时，直接调用

此宏即可，参数可变。例如汇编源文件中某位置需要插入 3 条 nop 指令或 7 条 nop 指令时，可分别写为

```
INSERT_NOP 3
INSERT_NOP 7
```

7.3 汇编源文件中的汇编指令

汇编源文件中的汇编指令包括体系架构汇编手册提供的汇编指令和编译器提供的汇编宏指令，下面分别介绍。

7.3.1 汇编指令

汇编源文件中的汇编指令，和架构汇编手册中提供的指令是一对一的关系，仅在写法格式上稍有不同。以加法指令为例，汇编手册中提供的汇编指令为“add.w r4, r5, r6”，在汇编源文件中的写法为“add.w $r4, $r5, $r6”。即汇编源文件中要求在寄存器前面都有符号“$”。同时汇编源文件中也支持使用寄存器别名的指令汇编方式，例如“add.w $a0, $a1, $a2”。

7.3.2 汇编宏指令

任何一个完善的体系架构生态都会提供丰富的宏指令，从而尽量向开发者屏蔽目标文件中一些功能不直观的汇编指令用法，或屏蔽一些符号重定位等方面的细节问题，为开发者快速编写汇编程序提供方便。在程序的汇编阶段，汇编器会根据汇编时已知信息将宏指令展开成一条或多条机器指令。下面列举一些 LoongArch ABI 中支持的汇编宏指令。

1. 空指令

空指令意味着这条指令没有实际功能意义，但可用于地址对齐填充。LoongArch 编译器中支持的空指令为

```
nop
```

此宏指令最终会被汇编器翻译成如下汇编指令。

```
andi    $r0,$r0,0x0
```

2. 立即数加载宏指令

立即数加载宏指令实现一个 32 位或 64 位立即数向一个通用寄存器的加载，且加载过程借助其他寄存器做周转。LoongArch 编译器中支持的立即数加载宏指令有如下两种。

```
li.w rd, imm31
li.d rd, imm64
```

根据要加载的立即数的不同长度，宏指令 li.w 需要 1 ~ 2 条 LoongArch 汇编指令来实现，li.d 需要 3 ~ 4 条 LoongArch 汇编指令来实现。例如加载立即数 0 到寄存器 a0 对应的宏指令"li.w $a0,0"会被汇编器最终实现成如下 LoongArch 指令。

```
addi.w     $r4,$r0,0
```

第 03 章已经详细介绍过不同长度立即数加载的汇编指令写法，这里不赘述。

3. 地址加载宏指令

地址加载宏指令实现向一个通用寄存器加载符号地址的功能，且过程不会借助其他寄存器做周转。LoongArch 编译器中支持的地址加载宏指令有如下两种：

```
la.local  rd, label
la.global rd, label
```

其中，la.local 用于加载同汇编源文件内的符号地址，la.global 用于加载其他汇编源文件内的符号地址。指令中的 label 为目标文件中的标签，通常代表一个符号的起始地址。例如在汇编源文件中使用宏指令"la.local $r4,.LC0"，在可重定位目标文件中会被汇编器用如下真实的汇编指令实现。

```
pcaddu12i  $r4,0
addi.d     $r4,$r4,0
```

4. 跳转宏指令

跳转宏指令用于有条件或无条件的符号地址跳转，且实现过程不会借助其他寄存器做周转。LoongArch 编译器中支持的几种典型跳转宏指令如下：

```
jr   rd
bl   symbol
bgt  rj, rd, label
ble  rj, rd, label
bgtz rj, label
blez rj, label
```

其中宏指令 jr 跳转用于无条件跳转到目标地址，此地址存放在寄存器 rd。通常情况下使用寄存器 r1，具体为"jr r1"，用于函数调用返回功能。最终实现成如下 LoongArch 指令：

```
jirl    $r0,$r1,0
```

宏指令"bl symbol"用于函数的调用。对于同文件内的函数调用，例如调用同文件内的函数 test，写成"bl test"即可。对于外部文件的函数调用，例如调用基础 libc 库的函数 printf，可使用指令"bl %plt(printf)"。使用宏指令"bl symbol"，使得我们不用过多关注函数地址重定位的细节问题，可大大提高编写汇编程序的效率。

宏指令 bgt、ble 等用于有条件的跳转，即当 rj 大于 rd 时，跳转到标签 label 处。例如下列指令：

```
label_1:
addi.d r5, 2
bgt    r4, r5, label_1
nop
```

这里指令“bgt r4, r5, label_1”用于判断寄存器 r4 是否大于 r5，条件成立则跳转到标签 label_1 处重新执行“addi.d r5, 2”，否则执行指令 nop。

LoongArch ABI 中还有更多的宏指令实现，例如“move rd, rs”用于寄存器 rs 到寄存器 rd 的数据复制，“la.got rd, label”用于通过 GOT（Global Offset Table，全局偏移表）来加载一个地址到寄存器 rd 等，后期可能还会有更多的宏指令加入，读者需要时可以查看龙芯架构参考手册的 ABI 部分。

7.4 汇编源程序实例文件 hello.S

在学习任何程序设计语言之初，入门阶段基本都是编写一个输出“Hello World !”的函数。本章前面已经详细介绍了汇编器指令，以及在汇编源文件中如何定义一个变量、如何定义一个函数等。接下来就编写一个完整的汇编源程序，来实际掌握汇编源程序的编写和编译过程。

汇编源程序实例文件 hello.S 的内容如下：

```
   .data
.LC0:                                # 本地标签，指定了字符串 "Hello World !\0" 的地址
    .ascii   "Hello World !\0"
    .text
    .align   2
    .globl   main
    .type    main, @function
main:                                # 本地标签，指定了函数 main 的开始
    addi.d   $sp,$sp,-8
    st.d     $ra,$sp,0
    la.local $r4,.LC0
    bl       %plt(puts)
    li.w     $a0, 0
    ld.d     $ra,$sp,0
    addi.d   $sp,$sp,8
    jr       $ra
    .size    main, .-main
    .section .note.GNU-stack,"",@progbits
```

这段程序基本展示了汇编源程序包含的语法。里面包括了汇编器指令和汇编指令。从中也可以看出汇编器指令都是以字符“.”开头。

示例中命令语句后面的 # 为行注释，不参与汇编器的编译，且不占用目标文件中的地址空间。注意汇编源文件中的注释在不同的架构下要求可能不同。在 LoongArch 架构下，采用和 x86 相同的行注释符号 #。汇编器源文件中还有一种是段注释，采用和 C 语言语法风格相同的注释符形式，即 /*…*/。

main 函数内的汇编指令整体功能是通过调用 libc 库的 puts 函数接口，完成字符串“Hello World !”的屏幕输出。

上面的 hello.S 写好后，可以通过汇编器直接将其编译成可重定位目标文件 hello.o，再通过链接器和依赖的基础 libc 库链接成可执行文件 hello，具体命令如下：

```
$as  hello.S -o hello.o
$ld  hello.o -lc -o hello
```

这两个过程也可以使用封装的脚本 gcc 一次完成，具体命令如下：

```
$gcc hello.S -o hello
```

7.5 没有函数栈的汇编源程序

在第 05 章介绍 LoongArch ABI 时提到过函数基本上是以申请函数栈开始的，用于保存返回地址、帧指针、局部变量等。GCC 编译器在实现时，对于函数开始部分，也是固定分配函数栈，最小为 16 字节。例如要实现一个简单的两个整数的加法运算，C 语言实现可以为：

```
int myadd(int a, int b) {
    return a+b;
}
```

用 GCC 编译器对此 C 语言函数编译出来的汇编源文件，里面内容如下：

```
myadd:
  addi.d     $r3,$r3,-32           # 申请栈空间
  st.d       $r22,$r3,24           # 将原 fp 值保存到栈上
  addi.d     $r22,$r3,32           # 将 fp 指向当前函数栈底
  or         $r13,$r4,$r0          # 保存 a0 和 a1 到栈
  or         $r12,$r5,$r0
  slli.w     $r13,$r13,0
  st.w       $r13,$r22,-20
  slli.w     $r12,$r12,0
  st.w       $r12,$r22,-24
```

```
ld.w        $r13,$r22,-20         # 从栈上加载 a0 和 a1
ld.w        $r12,$r22,-24
add.w       $r12,$r13,$r12        # 加法运算
or          $r4,$r12,$r0          # 释放栈空间
ld.d        $r22,$r3,24
addi.d      $r3,$r3,32
jr          $r1                   # 函数返回
```

按照 LoongArch ABI 约定，所有函数一开始都先申请栈空间、存储必要寄存器（如 fp、参数）等到栈上，函数退出前再恢复必要寄存器并释放栈空间。按此规定，一个简单的加法运算函数，在没有强制内联的优化支持下，实现后可有 16 条指令（如上所示）。当我们编写一个汇编源文件 test.S 来实现同等功能时，可以使用 2 条指令完成。

```
myadd:
    add.d   $v0, $a0, $a1
    jirl    $zero, $ra, 0
```

编写汇编程序时，因为我们已经知道此函数不破坏任何寄存器，所以可以取消函数栈的分配、释放必要寄存器的保存，整体实现后仅用了 2 条指令（如上所示）。可以看出，编写汇编程序确实可以给性能优化带来很大的想象空间。

7.6 本章小结

本章详细介绍了汇编源文件的语法规范，具体包括汇编器指令、汇编指令、汇编宏指令。最后又通过两个汇编源程序示例来说明如何编写一个汇编源文件以及编写汇编程序的性能优势。希望通过对本章的学习，读者可以有能力读懂汇编源程序，甚至有能力编写自己的汇编源程序。

7.7 习题

1. 汇编源文件包括几部分内容？分别是什么？
2. .s 文件和 .S 文件的区别是什么？
3. 如何在 .s 文件中定义一个全局的 short 类型变量？
4. 使用内嵌汇编完成两个数组的数据复制函数功能。

```
void memcopy(int *a, int *b, int length) {
}
```

5. 编写一个实现数据复制的汇编源文件 memorycopy.S，并编写一个 C 语言文件 main.c 来调用汇编源文件 memorycopy.S 中的功能，输出两个整数相加的值。

第 08 章

内嵌汇编

第 07 章详细介绍了汇编源程序的语法和编写方式。还有另外一种使用更广泛的编写汇编程序的方式——内嵌汇编（Inline Assembly）。内嵌汇编是可以直接在 C/C++ 语言中插入的汇编程序，它实现了汇编语言和高级语言 C/C++ 的混合编程。当在高级语言中要实现一些高级语言没有的功能，或者提高程序局部代码的执行效率，都可以考虑内嵌汇编的方式。本章将详细介绍内嵌汇编的语法规则和编写示例。

内嵌汇编标识为 asm()，或称模板，用于通知编译器括号内的代码是内嵌汇编程序，需要特殊处理。括号内部有内嵌汇编自己专门的语法格式。比如可以在一个 C 语言文件中嵌入一个 asm() 标识，并在其括号内使用 LoongArch 汇编伪指令 move 完成变量赋值操作，即 ret=src。

```
asm("move %0,%1\n\t" :"=r"(ret) :"r"(src) );
```

这里 src 和 ret 都是 C 语言中的变量。src 在内嵌汇编中作为输入操作数；ret 在内嵌汇编中作为输出操作数，其修饰符“=r”中的“=”表明变量 ret 是个输出操作数。变量 src 和 ret 的修饰符中的“r”全称为 relation，即指明此变量要对应一个固定的寄存器。指令中的 %0 和 %1 称为占位符（顾名思义，占位符就是先占住一个固定的位置，等待往其中添加内容的符号），分别对应变量 ret 和 src。变量与 LoongArch 寄存器的最终对应关系由 GCC 编译器自动处理，处理后的结果可以是下面展示的两条数据加载指令和一条加法指令。

```
ld.d      t1,src
ld.d      t2,ret
addi.d    t2,t1,0
```

可以看出，相对于汇编源程序，编写内嵌汇编省去了编写加载变量到寄存器的过程，也不用考虑使用哪个寄存器。这些细节工作都交给 GCC 编译器完成。内嵌汇编可以使用 LoongArch 中的大部分指令和伪指令，操作数既可以是寄存器也可以是 C 语言变量，可方便我们更快捷地编写程序。接下来将详细介绍内嵌汇编的基本格式。

8.1 内嵌汇编基本格式

内嵌汇编的基本格式如下：

```
asm asm-qualifiers (
        "Assembler Template"  //汇编模板
        : OutputOperands //输出操作数
        : InputOperands //输入操作数
        : Clobbers //破坏描述
);
```

内嵌汇编以 asm() 格式表示，括号里面分成 4 个部分：Assembler Template，即汇编模板，里面包含 0 条或多条内嵌汇编指令；OutputOperands，即输出操作数，可以有 0 个或者多个；InputOperands，即输入操作数，可以有 0 个或者多个；Clobbers，即破坏描述，可以没有或有多个。各个部分之间使用“:”分隔。asm-qualifiers 为 asm() 的限定符，可以为空，或者是 volatiles、inline、goto 中的任意一个。

其中汇编模板部分是必不可少的，但可以为空，即 ""。也可以有一条或多条内嵌汇编指令，每条指令都以双引号 "" 为单位，以 \n\t 结尾或者换行来分隔。例如下面两段内嵌汇编的写法都是合法的：

```
asm("");
```

```
asm("add.d %0,%1\n\t"
    "add.d %0,%2\n\t"
   :"=r"(ret)
   :"r"(a),"r"(b)
);
```

这里内嵌汇编 asm("") 中没有内嵌汇编指令，编译器对其不做处理且编译后将无任何汇编指令生成。第二段内嵌汇编有两条汇编指令，但是没有显示使用寄存器，故破坏描述部分可以省略。

如果内嵌汇编中只有内嵌汇编指令，不需要输出操作数、输入操作数和破坏描述时，后面的“:”都可以省略。例如：

```
asm("break 0");
```

这里因为仅在程序中插入一条中断指令，不需要其他变量参与，故内嵌汇编中执行 LoongArch 中断指令 break 5 即可。

还需要说明的是，asm 是 __asm__ 的别名，所以上面语句也可以写成：

```
__asm__("break 0");
```

注意：如果内嵌汇编中仅使用了后面部分，其前面部分为空，那么前面部分也需要使用“:”分隔。例如下面的示例中，内嵌汇编中有输入操作数但是没有输出操作数和破坏描述，那么其前面的输出操作数的“:”不能省略，其后面的破坏描述可以省略。这样规定的目的就是让编译器可以正确识别各个部分。

```
asm("move $4,%0\n\t"
     :                              // 输出操作数
     :"r"(a)                        // 输入操作数
);
```

在 asm 模板里面可以使用符号 /*…*/ 或者 // 添加注释。通常符号 /*…*/ 用于段注释，符号 // 用于行注释。

从上面这段内嵌汇编还能看出，指令操作数中的操作数不仅可以是占位符，也可以是通用寄存器和浮点寄存器中的任意寄存器。使用寄存器作为操作数时，和汇编源程序相同，即寄存器前面需要添加符号 $，符号 $ 后面可以跟寄存器编号（如 $4），也可以是寄存器的别名（如 $r0）。上面这条指令实现了把 C 语言变量 a 的值存入通用寄存器 r0。

8.1.1 输入操作数和输出操作数

在内嵌汇编格式中的输入操作数和输出操作数里，每一个操作数都由一个带双引号 "" 的约束字符串和一个带括号的 C 语言表达式或变量组成，比如本章开头那段内嵌汇编中的 "r"(src)，r 为约束符，src 为 C 语言变量。当有多个输入操作数或多个输出操作数时，多个操作数之间使用“,”分隔。内嵌汇编指令中对输入操作数和输出操作数统一编号，使用 %num 的形式依次表示每一个操作数，num 为正整数，从 0 开始。例如有一个输出操作数和两个输入操作数的内嵌汇编示例如下：

```
asm("add.d %0,%1,%2\n\t"
    :"=r"(ret)          // 输出操作数，也是第 0 个操作数
    :"r"(a),"r"(b)      /* 输入操作数，也是第 1 个操作数和第 2 个操作数 */
);
```

这里使用 LoongArch 指令 add.d 实现了 C 语言中 ret=a+b 的操作。两个输入操作数 "r"(a) 和 "r"(b) 之间使用“,”分隔。%0 代表操作数 "=r"(ret)、%1 代表操作数 "r"(a)、%2 代表操作数 "r"(b)。

每个操作数前面的约束字符或者字符串表示对后面 C 语言表达式或变量的限制条件。编译器会根据这个约束条件来决定相应的处理方式。比如 "=r"(ret) 中的“=r”表示有两个约束条件，“=”表明此操作数是输出操作数，所以在输入操作数列表中不可能出现此约束符；“r”表明对此操作数要分配寄存器，即和某个寄存器做关联。约束字符还有很多，有些还与特定体系架构相关，在 8.2 节会详细列举。

输入操作数通常是 C 语言的变量，但是也可以是 C 语言表达式。比如：

```
asm("move %0,%1\n\t"
    :"=r"(ret)
    :"r"(&src+4)
);
```

这里输入操作数 &src+4 就是 C 语言表达式。编译器处理的结果就是先把地址 &src+4 分配给一个通用寄存器，然后参与指令 move 的操作，即赋值给变量 ret。

输出操作数必须是左值，编译器会对此做检查。简单地说，以赋值符号“=”为界，符号“=”左边的就是左值，右边就是右值。所以输出操作数必须使用“=r”标识自己。而输入操作数可以是左值，也可以是右值。输出操作数也可以是多个，且为多个时，每个输出操作数都要使用“=”来标识自己。例如 LoongArch 中用于读取当前处理器核的计时器指令“rdtime rd, rj rd ”，其操作数 rd 和 rj 都是输出，rd 用于读取 counter 值，rj 用于读取 counter id。那么使用此指令的内嵌汇编写法可以为

```
    unsigned long count = 0;
int count_id = 0;

asm(  "rdtime.d %0,%1\n\t"
      :"=r"(count),"=r"(id)
 );
```

默认情况下输出操作数权限是只写（Write-Only）的，但是编译器不会对此做检查。这个特

性有时会给我们编程带来麻烦。假设你在内嵌汇编指令里误把输出操作数当右值来操作，编译器在编译时不会报错，但是程序运行后可能无法得到你想要的结果。为此我们可以使用限制符“+”来把输出操作数的权限改为可读可写。例如：

```
asm("add.d %0,%0,%1\n\t"
    :"+r"(ret)
    :"r"(a)
);
```

这就实现了变量 ret 的累加功能，即 ret=ret+a。同时我们也可以使用数字限制符“0”达到修改输出操作数权限的目的。

```
asm("add.d %0,%1,%2\n\t"
    :"=r"(ret)
    :"0"(ret),"r"(a)
);
```

这里数字限制符“0”的意思是输入操作数 ret 和第 0 个输出操作数使用同样的地址空间。数字限制符只能用在输入操作数部分，而且必须指向某个输出操作数。数字限制符在平时的编程中不是很常见，故此处作为了解即可。

8.1.2 破坏描述

内嵌汇编中的破坏描述部分用于声明那些在汇编指令部分有写操作的寄存器或内存，用于通知编译器这些寄存器或内存在此内嵌汇编中会被破坏（被写），需要提前做好上栈保存，并在内嵌汇编中指令完成之后做好旧值恢复。破坏描述部分有两种声明方式：声明寄存器和声明 memory。下面分别来介绍。

1. 破坏描述寄存器

通常内嵌汇编程序中多使用 C 语言变量，而变量所关联的寄存器由编译器根据整个函数的上下文来分配，分配的结果肯定是未被使用的或者已经做好上栈保存的。但是汇编指令部分还可以直接使用 LoongArch 寄存器，并可对其做修改（写操作）。如果在破坏描述部分不对使用的寄存器做声明，那么编译器在编译内嵌汇编时就不会做任何的检查和保护，可能会因为某个寄存器旧值未做保存而被修改，导致程序出错和致命异常。例如下面为在汇编指令中使用了寄存器却不做破坏描述的内嵌汇编：

```
asm("li.w $ra, 0\n\t");
```

这段内嵌汇编将数值 0 写入通用寄存器 ra。在 LoongArch ABI 中，通用寄存器 ra 是被用来存放函数返回地址的。但是在这里寄存器 ra 被改写为 0，却没有通知编译器，故将导致此段内嵌汇编所在函数因为无法找到之前存放的返回地址值而无法返回。正确的做法是在破坏描述部分添加对寄存器 ra 的声明，从而告诉编译器此寄存器的值被改变，声明如下：

```
asm("li.w $ra, 0\n\t" :::"$ra");
```

如果内嵌汇编中的操作数有多个指定寄存器被破坏，那么建议对所有被修改的寄存器在破坏描述部分做声明。声明多个寄存器时，寄存器之间使用“,”分开，具体写法如下：

```
asm(
     "add.d $a3, $a1, $a2\n\t"
     "move  $v0,%0\n\t"
     :"=g"(ret)
     :"r"(a),"r"(b)
     :"$a3", "$v0"
);
```

此示例中寄存器 a3 和寄存器 v0 都为目的寄存器，都存在写操作，故需要通过破坏描述通知编译器做好对此寄存器旧值的保存和恢复。

2. 破坏描述 memory

通常 GCC 编译器都会对程序的指令生成做一些优化（如使用参数 -O2、-O3 时）。例如会在保证程序正确性的前提下，尽可能地利用寄存器作为缓存来减少访存指令的生成。看看下面这段 C 语言语句：

```
a += 1;
b += a;
```

要实现语句 a+=1 需要 3 条汇编指令：从内存加载变量 a 的值到寄存器，与立即数 1 进行加法运算，将运算结果写回内存。而实现语句 b+=a 需要 4 条汇编指令：从内存加载变量 b 的值到寄存器，从内存加载变量 a 的值到寄存器，进行加法运算，将结果写回内存。在没有任何优化的情况下，这两条语句需要 7 条汇编指令来完成。但是我们明显可以看出，执行语句 b+=a 时，完全可以省略从内存加载变量 a 的值到寄存器，直接使用执行语句 a+=1 时变量 a 所在的寄存器即可。最终编译仅需 6 条汇编指令。我们查看 GCC 编译器生成的结果发现也确实如此。

```
ldptr.w    $r12,$r4,0              # 从内存加载变量 a 的值
addi.w     $r12,$r12,1(0x1)        # 加法运算
stptr.w    $r12,$r4,0              # 将结果写回变量 a 所在内存
ldptr.w    $r13,$r5,0              # 从内存加载变量 b 的值
add.w      $r12,$r13,$r12          # 加法运算（复用 r12 的结果）
stptr.w    $r12,$r5,0              # 将结果写回变量 b 所在内存
```

但是当我们在这段 C 语言语句中插入一段内嵌汇编，具体如下所示：

```
a += 1;
asm volatile ("":::"memory");
b += a;
```

这时候，编译器生成的对应的汇编指令就会有变化，具体如下所示：

```
ldptr.w    $r12,$r4,0              # 从内存加载变量 a 的值
addi.w     $r12,$r12,1(0x1)
stptr.w    $r12,$r4,0
ldptr.w    $r12,$r5,0
ldptr.w    $r13,$r4,0              # 再次从内存加载变量 a 的值
add.w      $r12,$r12,$r13
stptr.w    $r12,$r5,0
```

可以看出C语言语句插入一段带memory破坏描述的内嵌汇编后，在对应的生成指令中，b+=a并没有复用a+=1的结果，而是再次从内存加载变量a的值到新的寄存器r13，然后开始加法运算。这里memory相当于告诉编译器取消了寄存器优化。

破坏描述memory的功能可描述为：通知编译器，asm中可能对操作数做了修改（写操作），所以在asm前后不要对访存相关的语句做任何的值假设（优化），而是要实时刷新内存，即要把寄存器数据写入内存或从内存重新读取最新数据，以便获取内存中的最新值。再列举一个更实际的例子。考虑下面这段代码的输出结果：

```
int dest = 1;
int add_value = 2;
int old_value;

asm volatile ( "amadd.w %0, %1, %2 \n\t"
               : "=&r" (old_value)
               : "r" (add_value),  "r" (&dest)
               :
);

printf("old_value=%d dest=%d\n", old_value, dest);
```

这段代码的功能是通过原子指令amadd.w来实现一个加法操作，具体为对变量dest与变量add_value做加法运算，将结果写回dest，同时将dest旧值写到old_value。我们期望的结果是dest=3，old_value=1。而实际的结果确是dest=1，old_value=1。问题出在哪里呢？先来看看这段代码对应生成的汇编指令：

```
addi.w    $r12,$r0,2(0x2)      //add_value
addi.d    $r13,$r3,12(0xc)     // 加载 dest 地址到 r13
amadd.w   $r5,$r12,$r13        // 取 dest 地址中的旧值加 2 后写回 dest 地址
addi.w    $r6,$r0,1(0x1)       //  加载 dest 数据 1 到 r6
bl        -352(0xffffea0) # 1200005a0 <printf@plt> // 输出数据
```

从指令“addi.w　　$r6,$r0,1(0x1)”可以看出，编译器并没有发现我们在这段内嵌汇编中对 dest 进行了写操作，故在调用 printf 函数之前，并没有重新读取 dest 所在内存值，而是使用 addi.w 指令直接为参数寄存器 r6 赋值为 1，导致我们从 printf 输出的结果中看到 dest 值还是 1。那么怎么让 dest+2 的结果能被观察到呢？这时候就需要使用 memory 描述符。这段内嵌汇编正确的写法如下：

```
asm volatile ( "amadd.w %0, %1, %2 \n\t"
              : "=&r" (old_value)
              : "r" (add_value),  "r" (&dest)
              : "memory"
);
```

这时候我们再看看其生成的汇编指令：

```
addi.w   $r12,$r0,2(0x2)    //add_value
addi.d   $r13,$r3,12(0xc)   //加载 dest 地址到 r13
amadd.w  $r5,$r12,$r13      //取 dest 地址中的旧值加 2 后写回 dest 地址
ldptr.w  $r6,$r3,12(0xc)    //加载 dest 地址中的数据到 r6
bl       -352(0xffffea0) # 1200005a0 <printf@plt> //输出数据
```

可以发现此时在调用 printf 函数之前，参数寄存器 r6 的值是通过读取 dest 所在内存地址来获取的。amadd.w 指令已经将 dest+2 的结果值 3 写回 dest 所在内存地址，那么 ldptr.w 指令中 r6 获取到的值为 3。

8.1.3 有名操作数

从 GCC 的 3.1 版本开始，内嵌汇编支持有名操作数，即可以在内嵌汇编中为输入操作数、输出操作数取名字，名字形式是 [name]，其中的 name 可以是大小写字母、数字、下画线等，且放在每个操作数的前面。在汇编指令中使用有名操作数的形式为 %[name]，区别于前文一直使用操作数索引的形式 %num。一段使用有名操作数的内嵌汇编如下：

```
asm("add.d %[out],%[in1],%[in2]\n\t"
    :[out]"=g"(ret)
    :[in1]"r"(a), [in2]"r"(b)
);
```

这段内嵌汇编对每个操作数都定义了一个名字，分别为 out、in1 和 in2，分别代表变量 ret、a 和 b。汇编指令中的操作数表示既可以是之前的 add.d %0, %1, %2，也可以是使用操作数名字的 add.d %[out],%[in1],%[in2]。当然，你也可以仅对输出或者输入中的部分操作数取名字。例如：

```
asm("add.d %[out],%1,%2\n\t"
    :[out]"=g"(ret)
```

```
        :"r"(a),"r"(b)
    );
```

这里只给第 0 个操作数 ret 取了名字。后面的第 1 个操作数和第 2 个操作数在使用时还是序列号形式 %1、%2。

8.2 约束字符

约束字符就是放在输入操作数和输出操作数前面的修饰符，用以说明操作数的类型和读写权限等。接下来介绍常用的约束字符。

- “=”：用来修饰输出操作数，表示该操作数为可写，先前的值将被丢弃且由输出数据替换。
- “+”：用来修饰输出操作数，表示该操作数为可读可写。
- “r”：表示该操作数是整型变量（用于修饰 C 语言中 short、int、long 等），请求分配一个通用寄存器。
- “f”：请求分配一个浮点寄存器，用于修饰 C 语言中浮点变量（float 或 double 类型）。比如实现浮点数加法 “float ret = (float)a + (float)b ;”，相应的内嵌汇编为

```
    float ret = 0;
    asm("fadd.s %0,%1, %2\n\t"
        :"=f"(ret)
        :"f"(a),"f"(b)
    );
```

- “I”：表示该操作数是有符号的 12 位常量。当常数操作数小于 12 位时，可以使用此约束符。例如实现带常数的加法操作：

```
    asm("addi.w %0,%1\n\t"
        :"=r"(ret)
        :"r"(a),"I"(10)
    );
```

- “l”：表示该操作数是有符号的 16 位常量。当常数操作数大于 12 位但是小于 16 位时，可以考虑使用此约束符。
- “K”：表示该操作数是无符号的 12 位常量。当操作数为负数时，只能使用“I”或“l”，使用此约束符会报错。
- “J”：表示该操作数是整数零。
- “G”：表示该操作数是浮点数零。
- “&”：表示使用该操作数的内存地址，且可被修改。
- “m”：内存操作数，用于访存指令的地址加载和存储，常用于修饰 C 语言中指针类型。例如

要获取变量 a 的地址到指定寄存器 t0，内嵌汇编程序如下：

```
int* p = &a;
asm("ld $t0, %0 \n\t"
      :                        /*no output*/
      :"m"(p)
      :"$t0"
);
```

8.3 限制符 volatile

使用 volatile 限制符的内嵌汇编在任何情况下都不会被 GCC 编译器优化。GCC 编译器中内置了很多优化功能（使用 -O 参数时起效），例如当检测到 asm() 中的输出操作数没有被当前程序的上下文使用时，就会认为这段内嵌汇编是冗余的并删除它；或者检测到循环体内部的内嵌汇编总是返回相同的结果时，就把这段内嵌汇编移动到循环体外部。当这些优化情况并不是你所期望的时候，可以使用 volatile 限制符通知编译器关闭这些优化。例如在程序中添加一条断点指令来进行代码调试时，通常写法如下：

```
asm volatile ("break 0\n\t");
```

如果此内嵌汇编没有 volatile 修饰符的存在，内嵌汇编内部仅有一条“break 0”指令，没有和当前方法中的任何有意义的变量做关联（即可认为没有任何数据依赖关系），那么 GCC 编译过程极大可能会优化掉此内嵌汇编，在 GCC 生成的 .o 二进制文件中不存在 break 0 指令。

8.4 脱离 libc 库的最“小”程序示例

绝大多数情况下，我们编写的程序依赖很多系统库才能运行，其中 libc 库为必不可少的基础库。例如前文介绍的 hello.c，该程序功能虽仅通过调用 printf 函数实现“Hello World”的输出，编译过程中必不可少的就有 crt1.o、 crti.o、crtn.o、crtbegin.o、crtend.o 和 libc 库的参与。如果程序使用了动态链接，那么还需要 ld 库帮助在程序运行时实现其他动态库的加载。

本章我们将编写一个最“小”程序，同样实现“Hello World”的输出，但是因为可以跳过对上述 .o 文件和 libc 库的依赖，这个程序最终的目标文件会很小。之前依赖系统库实现的“Hello World”输出功能的程序文件大小近 22KB，而本章实例完成同样的功能的程序文件大小将会不到 1KB。

8.4.1 编写主程序

首先我们要编写带有内嵌汇编的 main.c 文件，内容如下：

```
/* main.c */

#define STR "Hello World \n"

void printf(char* str,int len) {
  asm(
      "li.w    $r11, 64\n\t"       // sys_write 的系统调用号是 64，放在 r11
      "li.w    $r4, 1\n\t"         // 参数 1：stdout 文件描述符是 1
      "move    $r5, %0\n\t"        // 参数 2：字符串地址
      "move    $r6, %1\n\t"        // 参数 3：字符串长度
      "syscall   0   \n\t"         // 系统调用指令
      :
      :"r"(str),"r"(len)
      :"$r11","$r4","$r5","$r6");
}

void exit() {
  asm(
      "li.w    $r11, 93\n\t"
      "li.w    $r4, 0\n\t"         // 将进程退出状态码 0 存入参数 1
      "syscall  0\n\t"
      :::"$r11","$r4");
}

int main() {
    printf(STR,13);
    exit();
}
```

这里我们自定义了两个与 libc 库同名的函数 printf、exit，函数内部直接对接系统调用接口来完成信息向标准输出设备的写入和进程正常退出功能，这样就跳过了对 libc 库的接口使用。

8.4.2 链接脚本

本书第 02 章提到了 GCC 编译的基本流程，其中链接过程实现了把多个目标文件链接成一个可执行文件。链接过程需要一个链接脚本来帮助制定链接规则，例如规定如何把输入文件内的 Section 放入输出文件内，并控制输出文件内各部分在程序地址空间内的布局等。这里的输入文件就包括 crt1.o、crtbegin.o、libc.so 等目标文件。本小节中，我们要实现独立的最小程序，为了避免这个默认链接脚本对一些输入文件的依赖，需要重写一个链接脚本。这里编写了一个名为 ld.lds

的链接脚本文件，其内容如下：

```
/* ld.lds 文件 */
OUTPUT_ARCH(loongarch)
ENTRY(main)
SECTIONS
{
    . = 0x120000000 + SIZEOF_HEAEDERS;
    .text : {
            *(.head.text)
            *(.text*)
    }

    .rodata : {
           *(.rodata*)
           *(.got*)
    }

    .data : {
           *(.data*)
           *(.bss*)
           *(.sbss*)
    }

    /DISCARD/ : {
    *(.comment)
    *(.pdr) /*debug used*/
    *(.options)
    *(.gnu.attributes)
    *(.debug*)
    }
}
```

链接脚本的语法并不复杂。第一行的 OUTPUT_ARCH(loongarch) 指定了体系架构为 LoongArch。ENTRY(main) 指定程序入口函数为 main。SECTIONS{…} 为链接脚本主体，里面包含 SECTIONS 的变换规则。

.=0x120000000 + SIZEOF_HEAEDERS; 是一条赋值语句，意为将当前程序加载到内存的起始虚拟地址，设置成 0x120000000 + SIZEOF_HEAEDERS。“.” 代表起始虚拟地址，SIZEOF_HEAEDERS 为输出文件的文件头大小。链接脚本里面的语句分为赋值语句和命令语句，OUTPUT_ARCH 和 ENTRY 就属于命令语句，可以用换行代替“;”；赋值语句必须使用“;”结尾。

.text:{*(head.text) *(.text*)} 是段转换规则，意为将所有输入文件中名字为“.head.txt”和“.text.*”的段依次合并到输入文件的 .text 段。

/DISCARD/ : { *(.comment) *(.pdr)... } 意为将所有输入文件中的 .comment 段、.pdr 段、.options 段丢弃，不保存在输出文件中。

链接文件中需要使用 /*…*/ 作为注释，例如 /*debug used*/。

8.4.3 程序的运行

前面介绍了内嵌汇编源程序和链接脚本的编写。接下来我们编译并运行这个“最小”程序即可，命令如下：

```
$ gcc -c -fno-builtin main.c
$ ld -T ld.lds main.o -o main
$ ./main
Hello World
```

上述代码中的相关参数说明如下。

- -c：编译、汇编到目标代码，不进行链接。
- -fno-builtin：关闭 GCC 内置函数功能。
- -T ld.lds：使用链接脚本 ld.lds 。如果不指定 -T，那么 ld 会使用系统默认的链接脚本。
- -o main：输出可执行文件名为 main 。

这个程序没有使用其他系统库，通过系统调用就完成了“Hello World”的输出。我们可以查看这个 main 程序的大小：

```
$ ls -lh main
-rwxrwxr-x 1  985 2月  19 16:24 main
```

可以看到 main 大小仅为 985B。

8.5 本章小结

本章通过示例重点介绍了可以和 C/C++ 语言混合编程的内嵌汇编语法规范。可以看出，相对于汇编源程序，内嵌汇编可以直接使用 C/C++ 语言中的变量， 不用过多考虑具体寄存器的使用，故编写更容易一些。具体工作中使用哪种方式，要依据具体情况而定。最后还通过一个示例介绍了内嵌汇编和链接脚本的编写。

8.6 习题

1. 简述内嵌汇编和汇编源文件的区别。

2. 内嵌汇编的基本格式是什么？

3. 将下列这段内嵌汇编嵌入任意一个 C 语言函数内会有什么危险？

```
asm {
  "li.w   $r4, 0\n\t"
  "li.w   $r1, 0\n\t"
}
```

4. 使用内嵌汇编语法，结合系统调用实现文件 a.txt 的创建、读写、文件关闭功能。

第09章

调试汇编程序

工欲善其事，必先利其器。熟练掌握调试工具的使用，有助于我们在工作中快速地定位问题和解决问题，本章将介绍可用于汇编程序调试的工具：GDB 调试器。

9.1 GDB 调试器的常用命令

GDB 调试器（GNU Debugger）是 Linux 平台下最常用的一款程序调试器，目前可以对 C、C++、Go、Objective-C 等多种程序设计语言提供调试支持。Linux 平台下的很多带调试功能的 C、C++ 代码的集成开发工具（IDE），其核心都源自 GDB 调试器。GDB 调试器通常以 gdb 命令的形式在终端（Shell）中使用。gdb 命令本身有很多选项（参数），可以帮助我们快速定位到程序异常点，或监控程序执行的每一个细节，例如异常点或断点处的寄存器值、函数调用栈信息、线程调度等。

9.1.1 GDB 的启动和退出

GDB 既可以以程序二进制名称作为参数随程序一同启动，也可以以进程号为参数动态启动。启动时可以指定程序运行参数或指定配置参数，还可以附带 core 文件。下面列举几种 GDB 常用的启动方式。

```
gdb program                    // 启动 gdb 并执行程序 program
gdb program core               // 启动 gdb 并停止到 core 文件中的异常位置
gdb -p 1234                    // 启动并绑定 gdb 到进程号为 1234 的程序上
gdb attach -p 1234             // 同 gdb -p 1234
gdb --args program             // 同 gdb program，program 后面可以带命令行参数
gdb -x gdbinit program         // 同 gdb program，同时指定 gdb 配置文件
```

除了上面列举的常用启动参数，可以使用“gdb -h”或“gdb --help”来查看更详细的 GDB 参数选择。

为了更好地使用 gdb 调试程序，我们希望被调试程序的二进制文件及其依赖的一些动态库文件中包含符号表信息。而通常情况下，为了让程序占用空间尽量的小，已经发布的产品级的二进制程序文件都是经过瘦身的，即已经剥离了文件中的符号信息和调试信息（当使用 Linux 命令“file 文件名”查看时会显示“stripped”），这种情况下 GDB 调试过程将看不到函数名、变量名和行号等直观信息。当使用 gcc/g++ 编译源码时，带上参数 -g 选项可以生成带有符号信息和调试信息的二进制文件。

一个简单的带调试信息的程序编译和 GDB 运行的例子如下：

```
$ gcc -g gdbtest.c -o gdbtest
$ gdb -q gdbtest
Reading symbols from gdbtest...done.
(gdb) r
Starting program: /home/sunguoyun/LABook/gdbtest
Hello World !
[Inferior 1 (process 28806) exited normally]
(gdb) q
```

这里在编译 gdbtest.c 文件时，使用了“-g”参数来通知编译器保留调试信息。GDB 启动时默认会输出 GDB 版本信息、版权说明、帮助提示等，这里通过添加参数“-q”将这部分信息屏蔽掉。GDB 启动后，我们就可以在 (gdb) 后面键入任何 GDB 支持的命令来控制程序的执行。例如这里键入了两个命令“r”和“q”，分别代表通知程序运行（run 命令的缩写形式）和退出（quit 命令的缩写形式）GDB。GDB 支持的更多命令可以通过在 (gdb) 后面键入“help”或“help all”来查看。GDB 支持的命令很多，本章仅围绕工作中常用的 gdb 命令的调试功能进行讲解，例如程序断点设置、单步调试、查看堆栈信息、查看寄存器信息等。

9.1.2 断点设置

通常我们会在 GDB 启动后进行断点设置。程序断点的设置可以让 GDB 通知程序执行到指定位置（如某行、某个函数、某个地址）处暂停下来，等待我们进一步的处理。GDB 调试器支持在程序中设置 3 种类型断点：break 断点（又称为程序断点）、watch 断点（又称为数据断点）和 catch 断点（又称为事件断点）。break 断点可以让程序执行到指定行或者指定函数位置时暂停下来，也是最常用的断点类型。watch 断点用于监视某个数据变量的变化，当指定数据变量或内存地址单元被修改时，程序暂停。catch 断点用于捕获程序执行期间产生的指定事件，例如 assert、exception、syscall、signal、fork 等。下面分别介绍这 3 种断点的使用方法。

1. break 断点设置

GDB 中 break 断点设置的相关命令如表 9-1 所示。

表 9-1　break 断点设置的相关命令

操作	命令
设置断点	break [LOCATION][thread THREADNUM][if CONDITION] tbreak [LOCATION][thread THREADNUM][if CONDITION] rbreak [LOCATION][thread THREADNUM][if CONDITION] hbreak [LOCATION][thread THREADNUM][if CONDITION] thbreak [LOCATION][thread THREADNUM][if CONDITION]
查看断点	info break
删除断点	clear location 或者 delete num
禁用断点	disable num1 num2 …
使能断点	enable num1 num2 …

在表 9-1 中，break 断点设置的相关命令有 5 个，其中命令 break、tbreak 和 rbreak 被称为软件断点，用于一般程序的断点设置。hbreak 和 thbreak 被称为硬件中断，主要是针对位于 EPROM/ROM 上的代码调试。设置命令 break 的缩写命令为“b”。其中，参数 LOCATION 可以为行号、函数名或者一个具体的内存地址。如果没有指定 LOCATION，默认为当前栈帧的 PC 值。使用选项 thread THREADNUM 可以设置断点到某一个线程，其中线程号 THREADNUM 可以通过命令“info threads”查看并获得。选项 if CONDITION 用于带条件的断点设置，即当条件表

达式 CONDITION 的值为真时，断点才会起效。这对调试某个变量为特定值或者调试循环到指定次数的情况很有用。下面列举几种常用的 break 设置命令：

```
b a.c:4                    // 在源 C 语言文件 a.c 的第 4 行设置断点
b main                     // 在函数 main 入口处设置断点
b a.c:add                  // 在源 C 语言文件 a.c 的函数 add 入口处设置断点
b *0x120000774             // 在地址 0x120000774 处设置断点
b a.c:21 if out == 20      // 条件断点，即当变量等于 20 时，程序在 a.c 中的 21 行处暂停
b a.c:21 thread 1          // 在文件 a.c 的 21 行设置断点，仅对 Num 为 1 的线程起效
```

命令 tbreak（缩写为 tb）和 rbreak（缩写为 rb）的用法和 break 类似。区别是 tbreak 表示临时断点，即此断点只生效一次。rbreak 用于对满足匹配规则的所有函数设置断点。使用示例如下：

```
tbreak a.c:21        // 在 a.c 中的 21 行设置断点，此断点只生效一次
ignore 1 10          // 跳过（忽略）1 号断点的前 10 次执行。1 为断点号
rbreak .             // 对程序中所有函数设置断点
rbreak a.c::.        // 仅对 a.c 文件中的所有函数设置断点
rbreak add*          // 对程序中所有以 add 为前缀的函数设置断点
```

硬件断点 hbreak（缩写为 hb）和 thbreak（缩写为 thb）的用法也同 break，故不再举例。thbreak 也称硬件临时断点，即只生效一次。

断点设置后，我们可以使用命令“info break”或“info b”来查看当前程序已经设置的所有断点信息。下面通过一个具体示例来演示 break 的使用。具体的 C 语言程序如下：

```
/* gdbtest.c
*   gcc -g gdbtest.c -o gdbtest
*/


1 #include <stdio.h>
2 int main (int argc, char *argv[])
3 {
4     printf("Hello World ! argc=%d\n", argc);
5     for(int i=0; i<argc;i++){
6          printf("%s\n",argv[i]);
7     }
8     return 0;
9 }
```

对这个程序使用 break 调试信息如下：

```
$ gdb gdbtest -q
Reading symbols from gdbtest...done.
```

```
(gdb)             --> 设置断点为源码的第 4 行
Breakpoint 1 at 0x120000728: file gdbtest.c, line 4.
(gdb) info b    --> 查看断点设置信息
Num     Type           Disp Enb Address            What
1       breakpoint     keep y   0x0000000120000728 in main at gdbtest.c:4
(gdb) r          --> 运行程序
Starting program: /home/sunguoyun/LABook/gdbtest

Breakpoint 1, main (argc=1, argv=0xffffff3428) at gdbtest.c:4
4      printf("Hello World ! argc=%d\n", argc);--> 程序运行到第 4 行时暂停
(gdb) c          --> 继续程序的执行
Continuing.
Hello World ! argc=1
/home/sunguoyun/LABook/gdbtest
[Inferior 1 (process 31481) exited normally]--> 程序执行完毕
(gdb) q          --> 退出 gdb
```

clear 命令可以删除指定位置的所有断点，参数 location 通常为某一行代码的行号或者某个具体的函数名。当参数 location 为某个函数的函数名时，表示删除位于该函数入口处的所有断点。

delete 命令（缩写形式为 d）可以删除指定编号的断点或全部断点，其参数 num 为指定断点的编号。当 num 没有指定时， delete 命令会删除当前程序中存在的所有断点。

禁用断点可以使用 disable 命令，其参数 num1 num2…表示一次可以禁用多个断点。例如“disable 1”表示禁用编号值为 1 的断点，“disable 1 2 3”禁用编号值分别为 1、2 和 3 的断点；当没有指定编号值时，disable 表示禁用当前程序的所有断点。对于禁用的断点，可以使用 enable 命令使能，其使用方式同 disable。删除和禁用断点的示例如下：

```
(gdb) info b              --> 显示当前共有 3 个断点
Num     Type           Disp Enb           What
1       breakpoint     keep y   0x0000000120000774 in main at gdbtest.c:4
2       breakpoint     keep y   0x0000000120000788 in main at gdbtest.c:5
3       breakpoint     keep y   0x0000000120000790 in main at gdbtest.c:6
(gdb) disable 2         --> 禁用编号为 2 的断点，对应的 Enb 显示为 n
(gdb) info b
Num     Type           Disp Enb Address            What
1       breakpoint     keep y   0x0000000120000774 in main at gdbtest.c:4
2       breakpoint     keep n   0x0000000120000788 in main at gdbtest.c:5
3       breakpoint     keep y   0x0000000120000790 in main at gdbtest.c:6
(gdb) delete 1          --> 删除编号为 1 的断点
(gdb) info b
```

```
Num      Type           Disp Enb Address            What
2        breakpoint     keep n   0x0000000120000788 in main at gdbtest.c:5
3        breakpoint     keep y   0x0000000120000790 in main at gdbtest.c:6
(gdb) enable 2         --> 重新启用编号为 2 的断点
(gdb) info b
Num      Type           Disp Enb Address            What
2        breakpoint     keep y   0x0000000120000788 in main at gdbtest.c:5
3        breakpoint     keep y   0x0000000120000790 in main at gdbtest.c:6
(gdb)
```

2. watch 断点设置

在使用 GDB 调试程序的过程中，借助 watch 断点可以监控程序中某个变量或者表达式的值，只要此值发生改变，程序就会停止执行。这对于定位某个变量或内存单元遭到非法篡改的程序时很有帮助。和 watch 断点设置相关的命令如下：

```
watch a                   // 对变量 a 设置断点。仅当 a 发生写变化（被修改）时，程序暂停
watch *(int*)0x120008064 // 对地址 0x120008064 设置断点，当此地址内的 4 字节发生写
                            变化时，程序暂停
watch a thread 2          // 对变量 a 设置断点，仅当 a 在线程 2 中发生写变化时，程序暂停
rwatch a                  // 对变量 a 设置断点。仅当 a 发生读变化时，程序暂停
awatch a                  // 对变量 a 设置断点。当 a 发生读或者写变化时，程序暂停
info watch                // 查看当前程序设置的所有 watch 断点
info b                    // 查看当前程序设置的所有 break 断点和 watch 断点
info thread               // 查看当前程序的所有线程信息
```

watch 断点和 break 断点使用相同的删除命令 clear 或者 delete。下面通过一个 C 语言示例演示 watch 断点的使用。

```
/* gdbtest.c
*   gcc -g gdbtest.c -o gdbtest
*/
#include <stdio.h>
int tt;
int main (int argc, char *argv[])
{
    for(int i=0; i<3; i++){
        tt = i;
    }
return 0;
}
```

使用 watch 断点来观测变量 tt 的值变化的方式如下：

```
$ gdb gdbtest -q
Reading symbols from gdbtest...done.
(gdb) watch tt    --> 设置观测点
Hardware watchpoint 1: tt
(gdb) info watch
Num     Type           Disp Enb Address    What
1       hw watchpoint  keep y              tt
(gdb) r
Starting program: /home/sunguoyun/LABook/gdbtest
Hello World ! argc=1
/home/sunguoyun/LABook/gdbtest

Hardware watchpoint 1: tt--> 变量 tt 的值发生变化

Old value = 0
New value = 1
main (argc=1, argv=0xffffff3428) at gdbtest.c:9
9      for(int i=0; i<3; i++){
(gdb) c
Continuing.

Hardware watchpoint 1: tt--> 变量 tt 的值再次发生变化

Old value = 1
New value = 2
main (argc=1, argv=0xffffff3428) at gdbtest.c:9
9      for(int i=0; i<3; i++){
(gdb)
```

在程序运行之前或者运行过程中，都可以进行 watch 断点的设置。这里是在程序运行之前对变量 tt 进行 watch 断点设置。通过“info watch”可以查看当前程序已经设置的 watch 断点信息。watch 的实现一般需要处理器硬件支持。从上面的信息可以看出，龙芯处理器硬件支持 watch 断点。

和 watch 相似的另外两个观察断点命令为 rwatch 和 awatch，区别在于 watch 用于观察某个变量或内存值的写变化（即其值被修改），rwatch 用于观察某个变量或内存值的读变化（即其值被使用但是未被修改），而 awatch 用于观察某个变量或内存值的读 / 写变化（即其值被使用或者被修改都会被捕获）。

3. catch 断点设置

catch断点的作用是监控程序中某一事件的发生，例如程序发生某种异常、某一动态库被加载等，一旦目标事件发生，则程序暂停执行。catch 断点的设置方式如下:

```
tcatch event
```

参数 event 表示要监控的具体事件。catch 常用的 event 事件类型如表 9-2 所示。

表 9-2 catch 常用的 event 事件类型

事件（event）	含义
catch/throw	catch/throw 都用于捕获程序异常，使用命令为“catch catch”“catch throw”“catch throw int”
exec	为 exec 系列系统调用设置捕获点，使用命令为“catch exec”
fork	在 fork 调用发生后，暂停程序的运行。设置方式为“catch fork”
vfork	在 vfork 调用发生后，停止程序运行。设置命令为“catch vfork”
load	当一个库被加载时，停止程序运行。例如“catch load libc.so.6”
unload	当一个库被卸载时，停止程序运行。例如“catch unload libc.so.6”
signal	通过信号值或信号别名来捕获一个信号异常。使用命令为“catch signal 11” “catch signal SIGSEGV
syscall	通过方法名或系统调用号来捕捉一个系统调用。

下面列举一个 catch 断点的设置方式:

```
catch signal SIGBUS  // 捕获 SIGBUS 事件，当此事件发生时程序暂停
tcatch signal SIGBUS // 仅捕获 SIGBUS 事件一次
catch signal all     // 捕获所有信号事件，当此事件发生时程序暂停
catch syscall chroot // 捕获系统调用 chroot，当此接口被调用时程序暂停
catch syscall        // 捕获所有系统调用
info break           // 查看所有的 break、watch 和 catch 断点信息
delete 1             // 删除 Num 为 1 的断点。此断点可以是 break、watch 或 catch 断点
```

例如要捕获程序运行时动态库加载的事件，具体示例如下:

```
(gdb) catch load        --> 捕获动态库加载事件的断点设置
Catchpoint 4 (load)
(gdb) r                 --> 启动程序
Starting program: /home/sunguoyun/c-test/gdbtest


Catchpoint 4            --> 捕获动态库加载事件，程序暂停
  Inferior loaded /lib/loongarch64-linux-gnu/libc.so.6
0x000000fff7fe0050 in _dl_debug_state () from /lib64/ld.so.1
(gdb)
```

9.1.3 查看变量、内存数据和寄存器信息

1. print/display 命令

当程序执行被 GDB 暂停到某个断点处时，我们可以通过 print 命令或 display 命令来查看某个变量或表达式的值。其中 print 命令可以缩写为“p”。print 和 display 命令常用的格式如下：

```
p variable
p file::variable
print function::variable

display variable
display file::variable
display functon::variable
```

参数 variable 用来指示要查看或者修改的目标变量。当程序中包含多个作用域不同但名称相同的变量或表达式时，可以在变量前面添加文件名称（file::variable）或者函数名称（functon::variable）。

display 命令也用于调试阶段查看某个变量或表达式的值，它和 print 命令的区别在于，使用 display 命令查看变量或表达式的值，每当程序暂停执行（例如单步执行）时，GDB 都会自动输出。

2. info register 命令

此命令可以在程序暂停在某个断点时，查看一个、多个或所有寄存器的信息。下面列出的命令都是查看寄存器信息的有效方式。

```
info register r4          //查看寄存器 r4 的值
info register r4  r5      //查看寄存器 r4 和 r5 的值
info all-register         //查看所有通用寄存器、浮点寄存器、向量寄存器的值
i r r4                    //查看寄存器 r4 的值
i r a0                    //查看寄存器 a0（即 r4）的值
i r r4 r5                 //查看寄存器 r4 和 r5 的值
i r f0                    //查看浮点寄存器 f0 的值
i r                       //查看所有通用寄存器、pc、badvaddr 的值
i all-r                   //查看所有通用寄存器、浮点寄存器、向量寄存器的值
```

下面以一个具体示例来介绍查看寄存器信息的方法。使用的 C 语言程序如下：

```
1  /* gdbtest.c */
2   #include <stdio.h>
3   int add( int a, int b) {
```

```
4     return a+b;
5  }
6
7  int main (int argc, char *argv[]) {
8    add(1, 2);
9    return 0;
10}
```

调试命令的信息如下：

```
$ gdb gdbtest -q
Reading symbols from gdbtest...done.
(gdb) b add      --> 设置断点到函数 add 入口处
Breakpoint 1 at 0x120000674: file gdbtest.c, line 4.
(gdb) r
Starting program: /home/sunguoyun/LABook/gdbtest

Breakpoint 1, add (a=1, b=2) at gdbtest.c:4
4      return a+b;
(gdb) i r a0     --> 查看寄存器 a0 的值，分别显示十六进制和十进制
a0             0x1                1
(gdb) i r a1     --> 查看寄存器 a1 的值
a1             0x2                2
(gdb) i r       --> 查看所有通用寄存器的值
              zero               ra               tp               sp
R0    0000000000000000 00000001200006bc 000000fff7ffefe0 000000ffffff32c0
                a0               a1               a2               a3
R4    0000000000000001 0000000000000002 000000ffffff3438 000000fff7fb04b0
                a4               a5               a6               a7
R8    0000000000000000 000000fff7fe6ea8 000000ffffff3420 0000000000008000
                t0               t1               t2               t3
R12   0000000000000002 0000000000000001 0000000000000000 000000fff7fb2eb8
                t4               t5               t6               t7
R16   000000fff7fb1d40 000000fff7fb1d40 7f7f7f7f7f7f7f7f 0000000000000000
                t8                x               fp               s0
R20   ffff000000000000 0000000000000000 000000ffffff32e0 0000000000000000
                s1               s2               s3               s4
R24   00000001200006d8 000000fff7ffb8e8 0000000000000000 0000000120131c50
                s5               s6               s7               s8
R28   000000012012f180 000000012011a818 0000000000000000 0000000000000000
```

```
pc              0x120000674          0x120000674 <add+36>
badvaddr        0xfff64c4008         0xfff64c4008
(gdb)
```

这里使用命令“b add”将断点设置在add函数的起始位置，然后使用命令“r”运行程序并停止在函数add入口处。从源程序可以看出函数add有两个参数，分别为int a、int b。根据LoongArch ABI的函数调用传参规则，调用函数add时的参数值1和2分别使用寄存器a0、a1来传递，故这里使用命令“i r a0”和“i r a1”来查看寄存器a0和a1的值，结果分别为1和2。

当然，我们可以使用“i r”来查看LoongArch架构中32个通用寄存器值，还有当前程序寄存器pc和badvaddr寄存器值。

如果还要查看浮点寄存器或者向量寄存器的值，可以使用信息“i all-r”命令。其命令显示的信息比较多，这里不做展示。

3. disassemble命令

使用disassemble命令可以查看（也被称为反汇编）指定方法或指定一段地址的汇编指令。其缩写命令为disass。具体使用方式有如下几种:

```
disass                  //查看当前断点所在函数对应的汇编指令
disass func_name        //查看指定函数名为func_name的函数对应汇编指令
disass addr             //查看指定地址addr所在函数对应汇编指令
disass addr1,addr2      //查看指定地址addr1和addr2范围内的汇编指令
```

下面还是以gdbtest程序为例来演示disassemble命令的使用。

```
$ gdb gdbtest -q
Reading symbols from gdbtest...done.
(gdb) b add
Breakpoint 1 at 0x120000674: file gdbtest.c, line 4.
(gdb) r
Starting program: /home/sunguoyun/LABook/gdbtest


Breakpoint 1, add (a=1, b=2) at gdbtest.c:4
4       return a+b;
(gdb) disass
Dump of assembler code for function add:
 0x0000000120000650 <+0>:  addi.d $r3,$r3,-32(0xfe0)
 0x0000000120000654 <+4>:  st.d   $r22,$r3,24(0x18)
 0x0000000120000658 <+8>:  addi.d $r22,$r3,32(0x20)
 0x000000012000065c <+12>: move   $r13,$r4
 0x0000000120000660 <+16>: move   $r12,$r5
```

```
 0x0000000120000664 <+20>:  slli.w $r13,$r13,0x0
 0x0000000120000668 <+24>:  st.w   $r13,$r22,-20(0xfec)
 0x000000012000066c <+28>:  slli.w $r12,$r12,0x0
 0x0000000120000670 <+32>:  st.w   $r12,$r22,-24(0xfe8)
=> 0x0000000120000674 <+36>:ld.w   $r13,$r22,-20(0xfec)
 0x0000000120000678 <+40>:  ld.w   $r12,$r22,-24(0xfe8)
 0x000000012000067c <+44>:  add.w  $r12,$r13,$r12
 0x0000000120000680 <+48>:  move   $r4,$r12
 0x0000000120000684 <+52>:  ld.d   $r22,$r3,24(0x18)
 0x0000000120000688 <+56>:  addi.d $r3,$r3,32(0x20)
 0x000000012000068c <+60>:  jirl   $r0,$r1,0
End of assembler dump.
(gdb)
```

因为程序运行之前使用命令“b add”把断点设置在了函数 add 上，故程序执行到函数 add 处停止。使用“disass”命令反汇编出来的指令为函数 add 对应的全部汇编指令信息。

同时通过当前程序 pc 所在位置 => 0x0000000120000674 <+36> 可以看出，break 命令在进行函数断点设置时，断点位置在程序栈构建之后位置，而非函数入口的第一条指令。

如果想反汇编其他函数对应的指令信息，就要使用带函数名的反汇编命令。例如要反汇编方法 main 对应的全部指令，可以使用命令“disass main”：

```
(gdb) disass main
Dump of assembler code for function main:
 0x0000000120000690 <+0>:  addi.d $r3,$r3,-32(0xfe0)
 0x0000000120000694 <+4>:  st.d   $r1,$r3,24(0x18)
 0x0000000120000698 <+8>:  st.d   $r22,$r3,16(0x10)
 0x000000012000069c <+12>: addi.d $r22,$r3,32(0x20)
 0x00000001200006a0 <+16>: move   $r12,$r4
 0x00000001200006a4 <+20>: st.d   $r5,$r22,-32(0xfe0)
 0x00000001200006a8 <+24>: slli.w $r12,$r12,0x0
 0x00000001200006ac <+28>: st.w   $r12,$r22,-20(0xfec)
 0x00000001200006b0 <+32>: addi.w $r5,$r0,2(0x2)
 0x00000001200006b4 <+36>: addi.w $r4,$r0,1(0x1)
 0x00000001200006b8 <+40>: bl     -104(0xffff98) # 0x120000650 <add>
 0x00000001200006bc <+44>: move   $r12,$r0
 0x00000001200006c0 <+48>: move   $r4,$r12
 0x00000001200006c4 <+52>: ld.d   $r1,$r3,24(0x18)
 0x00000001200006c8 <+56>: ld.d   $r22,$r3,16(0x10)
 0x00000001200006cc <+60>: addi.d $r3,$r3,32(0x20)
```

```
 0x00000001200006d0 <+64>: jirl   $r0,$r1,0
End of assembler dump.
(gdb)
```

若要仅显示当前 $pc 开始的前 4 条和后 4 条汇编指令，可以为

```
(gdb) disass $pc-16, $pc+16
Dump of assembler code from 0x120000664 to 0x120000684:
 0x0000000120000664 <add+20>:     slli.w $r13,$r13,0x0
 0x0000000120000668 <add+24>:     st.w   $r13,$r22,-20(0xfec)
 0x000000012000066c <add+28>:     slli.w $r12,$r12,0x0
 0x0000000120000670 <add+32>:     st.w   $r12,$r22,-24(0xfe8)
=> 0x0000000120000674 <add+36>:   ld.w   $r13,$r22,-20(0xfec)
 0x0000000120000678 <add+40>:     ld.w   $r12,$r22,-24(0xfe8)
 0x000000012000067c <add+44>:     add.w  $r12,$r13,$r12
 0x0000000120000680 <add+48>:     move   $r4,$r12
End of assembler dump.
(gdb)
```

4. x 命令

前面介绍的 display 命令可以查看程序中某个变量或表达式的值，但是不能查看指定内存地址中的数据值。GDB 为我们提供了查看内存的命令 x，其可查看指定内存地址上的数据，且数据格式还可以指定。x 命令的格式如下：

```
x/FMT ADDRESS
```

参数 FMT 由内存单元数量、格式、内存单元长度组成。内存单元数量为整数，不指定时默认值为 1；格式有多种，具体如下所示。

- x(hex)：按十六进制格式显示变量。
- d(decimal)：按十进制格式显示变量。
- u(unsigned decimal)：按十进制格式显示无符号整型。
- o(octal)：按八进制格式显示变量。
- t(binary)：按二进制格式显示变量。
- a(address)：按十六进制格式显示地址。
- i(instruction)：指令地址格式。
- c(char)：按字符格式显示变量。
- f(float)：按浮点数格式显示变量。
- s(string)：按字符串格式显示。

内存单元长度可由 4 个字母指定：b 表示单字节、h 表示双字节、w 表示 4 字节、g 表示 8 字节，

且不指定时默认值为 w。

参数 ADDRESS 为一个内存地址，可以是一个绝对地址（如 0x12000006c），也可以是基于当前 pc 的相对地址（如 $pc-4，表示当前程序暂停时，地址减 4 字节的内存位置）。

以下面的 C 语言程序为例，来演示 x 命令的使用。

```
/* gdbtest.c */
  1 #include <stdio.h>
  2 int out = 0;
  3
  4 int main (int argc, char *argv[]) {
  5     out += 3;
  6     return 0;
  7 }
```

```
$ gdb -q ./gdbtest
Reading symbols from ./gdbtest...done.
(gdb) b main                    --> 在 main 函数设置断点
Breakpoint 1 at 0x1200006b4: file gdbtest.c, line 5.
(gdb) r                         --> 程序运行
Starting program: /home/sunguoyun/c-test/gdbtest

Breakpoint 1, main (argc=1, argv=0xffffff73f8) at gdbtest.c:5
5       out += 3;
(gdb) x/10i $pc                 --> 查看 pc 位置开始的 10 条汇编指令
=> 0x1200006b4 <main+28>:  pcaddu12i     $r12,8(0x8)
   0x1200006b8 <main+32>:  addi.d        $r12,$r12,-1640(0x998)
   0x1200006bc <main+36>:  ldptr.w       $r12,$r12,0
   0x1200006c0 <main+40>:  addi.w        $r12,$r12,3(0x3)
   0x1200006c4 <main+44>:  move          $r13,$r12
   0x1200006c8 <main+48>:  pcaddu12i     $r12,8(0x8)
   0x1200006cc <main+52>:  addi.d        $r12,$r12,-1660(0x984)
   0x1200006d0 <main+56>:  stptr.w       $r13,$r12,0
   0x1200006d4 <main+60>:  move          $r12,$r0
   0x1200006d8 <main+64>:  move          $r4,$r12
(gdb) b *0x1200006d4           --> 在地址 0x1200006d4 处设置断点
Breakpoint 2 at 0x1200006d4: file gdbtest.c, line 5.
(gdb) c                        --> 继续程序执行
Continuing.
```

```
Breakpoint 2, 0x1200006d4 in main (argc=1, argv=0xffffff73f8) at gdbtest.
c:5
(gdb) i r r12 r13                 --> 查看寄存器 r12 和 r13 的值
r12            0x12000804c          4831871052
r13            0x3                  3
(gdb) x/1d 0x12000804c            --> 查看地址 0x12000804c 一个十进制值
0x12000804c <out>:  3             --> 即变量 out 值
(gdb)
```

9.1.4 查看堆栈信息

1. backtrace 命令

backtrace 命令用于查看当前被调试程序的方法栈信息，以直观显示函数间的调用关系，其缩写命令为“bt”。具体语法格式如下。

```
backtrace [QUALIFIERS] [COUNT]
```

其中，参数 QUALIFIERS 为可选项，其值可为“full”或者“no-filters”，分别表示输出局部变量的值和限定符禁止执行帧筛选器。参数 COUNT 也为可选项，其值为一个整数值，当值为正整数 *n* 时，表示输出最里层的 *n* 个栈帧的信息；当其值为负整数时，那么表示输出最外层 *n* 个栈帧的信息；当没有 COUNT 参数时，backtrace 会显示完整的栈帧信息。

以下面 C 语言程序为例演示 bt 命令的使用。

```
/* gdbtest.c */
#include <stdio.h>

int add3( int a, int b) {
  return a+b;
}

int add2( int a, int b) {
  return add3(a,b);
}

int add1( int a, int b) {
  return add2(a,b);
}
```

```
int add( int a, int b) {
  return add1(a,b);
}
int main (int argc, char *argv[]) {
  add(1, 2);
  return 0;
}
```

其运行到方法 add3 时的堆栈信息如下：

```
$ gdb gdbtest -q
Reading symbols from gdbtest...done.
(gdb) b add3
Breakpoint 1 at 0x120000674: file gdbtest.c, line 5.
(gdb) r
Starting program: /home/sunguoyun/LABook/gdbtest


Breakpoint 1, add3 (a=1, b=2) at gdbtest.c:5
5      return a+b;
(gdb) bt
#0  add3 (a=1, b=2) at gdbtest.c:5
#1  0x00000001200006cc in add2 (a=1, b=2) at gdbtest.c:8
#2  0x0000000120000720 in add1 (a=1, b=2) at gdbtest.c:11
#3  0x0000000120000774 in add (a=1, b=2) at gdbtest.c:14
#4  0x00000001200007b8 in main (argc=1, argv=0xffffff3428) at gdbtest.c:18
(gdb) bt 2
#0  add3 (a=1, b=2) at gdbtest.c:5
#1  0x00000001200006cc in add2 (a=1, b=2) at gdbtest.c:8
(More stack frames follow...)
(gdb) bt -2
#3  0x0000000120000774 in add (a=1, b=2) at gdbtest.c:14
#4  0x00000001200007b8 in main (argc=1, argv=0xffffff3428) at gdbtest.c:18
(gdb)
```

2. frame 命令

如果我们要查看 backtrace 结果中某一层的方法栈信息，可以使用 frame 命令，缩写为“f”，其完整的命令形式如下：

```
frame [frame_num|frame_addr]
```

参数可以是栈帧编号（frame_num）或栈帧地址（frame_addr）。当不指定任何参数时，

frame 命令将显示 backtrace 结果中最顶层方法的栈帧。同样以 gdbtest 程序为例，其 frame 信息如下：

```
$ gdb gdbtest -q
Reading symbols from gdbtest...done.
(gdb) b add3
Breakpoint 1 at 0x120000674: file gdbtest.c, line 5.
(gdb) r
Starting program: /home/sunguoyun/LABook/gdbtest

Breakpoint 1, add3 (a=1, b=2) at gdbtest.c:5
5       return a+b;
(gdb) info f
Stack level 0, frame at 0xffffff3280:
 pc = 0x120000674 in add3 (gdbtest.c:5); saved pc = 0x1200006cc
 called by frame at 0xffffff32a0
 source language c.
 Arglist at 0xffffff3280, args: a=1, b=2
 Locals at 0xffffff3280, Previous frame’s sp is 0xffffff3280
 Saved registers:
  fp at 0xffffff3278
(gdb) f             --> 显示最顶层（即断点处对应方法）的栈信息
#0  add3 (a=1, b=2) at gdbtest.c:5
5       return a+b;
(gdb) f 1           --> 显示编号为 1 的栈信息
#1  0x00000001200006cc in add2 (a=1, b=2) at gdbtest.c:8
8       return add3(a,b);
(gdb)
```

9.2 程序单步调试

当程序执行到断点位置暂停时，我们可以用 continue 命令（缩写命令为“c”）恢复并继续程序的运行，也可以使用单步调试命令一步一步地跟踪程序执行。下面分别介绍单步调试相关命令的使用。

9.2.1 语句单步调试

语句单步调试是指以源程序（如 C 语言）的一条语句为单位，一步一步地执行。GDB 提供了 3 种命令，用于语句单步调试，即使用命令 next、step 和 until，分别可以简写为“n”“s”和“u”。

next 为最常用的单步调试命令。其最大的特点是当遇到调用函数的语句时，next 命令会将其视为一行语句并一步执行完，不会跳入调用函数内部。

step 命令在进行单步调试时，当遇到调用函数的语句时，会进入该调用函数内部继续执行。

next 或者 step 命令都可以选择性地添加 count 参数，表示一次执行完后面的 count 条语句。例如“n 2”表示一次执行 2 条语句。这里以 9.1.4 小节中使用的 C 语言示例来演示语句单步调试。

```
$ gdb -q ./gdbtest
Reading symbols from ./gdbtest...done.
(gdb) b main            --> 断点设置在 main 函数
Breakpoint 1 at 0x1200007d8: file gdbtest.c, line 17.
(gdb) r                 --> 程序运行
Starting program: /home/sunguoyun/c-test/gdbtest
Breakpoint 1, main (argc=1, argv=0x12014f1d0) at gdbtest.c:17
17int main (int argc, char *argv[]) {
(gdb) s                 --> 执行一条语句
18     add(1, 2);
(gdb) s                 --> 执行一条语句（遇到函数 add 调用），进入函数内部
add (a=1, b=538254544) at gdbtest.c:14
14int add( int a, int b) {
(gdb) s                 --> 执行一条语句
15     return add1(a,b);
(gdb) n                 --> 执行一条语句（遇到函数 add 调用），不进入函数内部
16}
```

util 命令可以在程序执行至循环体尾部时，使 GDB 快速执行完成当前的循环体并运行至循环体外停止。这里暂不做示例演示。

9.2.2 汇编指令的单步调试

命令 stepi（缩写命令为“si”）和 nexti（缩写命令为“ni”）都可以用于单步执行汇编指令。如果辅助命令“display/i $pc”，还可以在单步跟踪过程中输出每一条汇编指令。同时 si 和 ni 后面也都可以选择性地使用 count 参数，一次可执行连续的 count 条汇编指令。例如：

```
(gdb) x/10i $pc         --> 显示 PC 位置开始的 10 条汇编指令
=> 0x1200007d8 <main+4>:   st.d    $r1,$r3,24(0x18)
   0x1200007dc <main+8>:   st.d    $r22,$r3,16(0x10)
   0x1200007e0 <main+12>:  addi.d $r22,$r3,32(0x20)
   0x1200007e4 <main+16>:  move    $r12,$r4
   0x1200007e8 <main+20>:  st.d    $r5,$r22,-32(0xfe0)
   0x1200007ec <main+24>:  slli.w $r12,$r12,0x0
```

```
    0x1200007f0 <main+28>:  st.w   $r12,$r22,-20(0xfec)
    0x1200007f4 <main+32>:  addi.w $r5,$r0,2(0x2)
    0x1200007f8 <main+36>:  addi.w $r4,$r0,1(0x1)
    0x1200007fc <main+40>:  bl     -124(0xfffff84) # 0x120000780 <add>
(gdb) ni                  --> 执行一条汇编指令
0x00000001200007dc  17      int main (int argc, char *argv[]) {
(gdb) ni 8                 --> 执行 8 条汇编指令
0x00000001200007fc  18          add(1, 2);
(gdb) ni                   --> 执行一条汇编指令，遇到函数跳转指令 bl 并没有进入
0x0000000120000800  18          add(1, 2);
(gdb)
```

汇编指令的单步调试命令 ni 和 si 的区别在于遇到函数跳转指令时的处理，ni 遇到函数跳转指令 bl 时不会进入调用函数内部，而 si 会进入调用函数内部继续执行。

9.2.3 退出当前函数

在某个函数中调试一段时间后，可能不需要再一步一步执行到函数返回处，希望直接执行完当前函数，这时可以使用 finish 命令。与 finish 命令类似的还有 return 命令，它们都可以结束当前执行的函数。区别在于 finish 命令会执行函数到正常退出；而 return 命令是立即结束执行当前函数并返回，也就是说，如果当前函数还有剩余的代码未执行完毕，也不会执行了，但是使用 return 命令可以指定函数的返回值。

关于 GDB 的更多说明和使用方法，例如如何对一个已运行的程序进行调试、如何跟踪多线程程序的调试、调试过程如何屏蔽某个中断信号、如何设置和使用 gdbinit 配置文件等，可以在基于 Linux 的操作系统下使用命令 man gdb 或者 gdb --help 来查看。表 9-3 中列举了一些 GDB 中常用但是本章前面没有提到过的命令。

表 9-3　基于 Linux 的操作系统下的 GDB 常用命令

命令	功能描述
help	帮助命令
help info	查看 info 命令的使用信息
start	运行程序并在 main 函数入口处暂停
list	查看源代码，缩写为 l。list 后面也可加函数名或行号作为参数
save breakpoint /tmp/a	保存当前程序设置的所有断点到文件
source /tmp/a	从文件 /tmp/a 中恢复已设置的断点
info threads	查看线程信息
thread 2	切换到 2 号线程
thread apply 2 continue	2 号线程继续执行

续表

命令	功能描述
set var ret=3	修改变量 ret 的值为 3
set $pc+=4	修改当前 PC 值加 4，即接下来执行下一条指令
dump memory /tmp/a 0x1200007f4 0x120000840	将 0x1200007f4~0x120000840 这段区间地址的数据保存到文件 /tmp/a

9.3 本章小结

本章对调试汇编程序常用的 GDB 调试器做了基本介绍，包括它的常用命令和使用方法。熟练使用调试工具不仅有助于我们快速定位问题，还有助于分析、理解程序的执行流程。本章仅介绍了 GDB 调试工具的基本使用方法，其更多的功能介绍可以查阅相关资料。

9.4 习题

1. 编写一个小的内嵌汇编示例，使用 GDB 工具查看其执行流程。
2. 调研 GDB 调试器的实现原理。
3. 如果没有 GDB 调试器，如何让程序执行到指定函数时停止。

第10章

汇编程序性能优化

如何充分地利用处理器特性来编写高效的汇编指令?

一方面要从汇编指令逻辑入手做优化，例如使用移位指令代替简单的乘法指令、把被多次使用的内存数据或常量提前载入寄存器以便重复使用、展开循环次数为常数的小循环、利用额外的寄存器和向量指令等。另一方面，我们有必要了解一些计算机体系架构的知识和龙芯处理器内部的关键细节，比如高速缓存、流水线、多发射技术等，在编写汇编程序时可尽量充分利用这些技术特点来提高程序性能。本章将介绍一些和性能有关的知识点，并穿插介绍相关性能优化原理。

10.1 计算机体系架构的三类并行技术

计算机体系架构中提升性能的并行技术主要有 3 类，分别为指令级并行、数据级并行和任务级并行。

指令级并行是指在一个时钟周期内执行尽可能多条机器指令。典型的指令级并行技术有指令级流水线技术、多发射技术、乱序执行技术。指令级流水线技术指同一个周期里可以有多条指令在执行，即通过时间重叠实现指令级并行，实际上是提高频率。目前很多处理器架构都是多流水线架构，龙芯处理器可以达到 12 级流水线。多发射技术是增加处理器中的功能部件，例如增加 4 个加法器就可以同时处理 4 条加法指令，即通过空间重复实现指令级并行，实现一拍执行多条指令。目前龙芯处理器是四发射，即一拍可以执行 4 条指令。乱序执行技术是指当遇到执行时间较长或条件不具备的指令时，把条件具备的后续指令提前执行，目的就是提高指令流水线的效率，充分利用指令间潜在的可重叠性和不相关性。

数据级并行是指一条指令可以处理多个数据，通常被称为单指令多数据流（Single Instruction Multiple Data），例如一条指令完成 4 组或 8 组的加法运算。典型实现技术就是向量指令。目前大部分体系架构都有自己的向量指令。LoongArch 基础指令集中就有采用向量指令的向量扩展（LSX）和高级向量扩展（LASX），操作的向量位宽分别为 128 位和 256 位。

任务级并行包括线程级并行和进程级并行。任务级并行依赖处理器的多核结构，在单处理器的算力固定的情况下，多核的并行计算就是提升系统计算吞吐量的最好方式。目前市面上的处理器多为多核处理器。龙芯 5000 系列处理器应用于桌面计算机的基本为 4 核，而应用于服务器的有 8 核或 16 核。在多核处理器环境下，软件开发人员要了解的就是同步机制，即多核处理器之间如何正确且尽可能高效地协调共享数据的问题。

上述所有并行技术的目标都是一致的，即尽可能地提高处理器运行效率。接下来介绍如何利用已知的计算机并行技术相关知识提高汇编程序的执行效率。

10.2 使用向量指令

对于加速计算密集型应用程序，使用向量指令再好不过。比如在图像处理领域，图像常用的数据类型是 YUV 格式（Y 表示明亮度，也就是灰阶值；U、V 表示色度，描述的是色调和饱和度），通常 YUV 占用的数据长度为 8 位。在对这类数据进行大量的加法运算时，如果使用通用基础指令集，先要使用一条 load 指令访问内存，取得第一个 8 位操作数，再使用一条 load 指令访问内存，取得第二个 8 位操作数，随后使用一条 add 指令进行求和计算，最后使用一条 store 指令将结果写回内存。具体指令如下：

```
    ld.b    t1, addr1
    ld.b    t2, addr2
    add.w   t3, t1, t2
```

```
    st.b    t3, addr3
```

虽然通用寄存器是32位或是64位的，但是处理这些数据却只用它们的低8位，执行4条指令只完成1组加法操作。

但是如果换用向量指令，例如使用龙芯高级向量扩展，向量位宽为256位，那么同样是4条指令，却能处理32组数据，计算效率大大提高。指令示例如下：

```
xvld      x1, addr1
xvld      x2, addr2
xvadd.b   x3, x1, x2
xvst      x3, addr3
```

使用向量指令的缺点是，向量寄存器复用浮点数寄存器，可能会有浮点数模式切换场景，从而产生性能开销。所以在使用向量指令时，应避免向量指令和浮点数指令同时出现在同一个方法中，同时要确保向量指令用在热点方法或循环计算体中。所谓热点方法或循环计算体就是在整个程序运行过程中，多次被执行到或执行时间占比较大的方法或循环体。

由于篇幅有限，本书并没有列举LoongArch向量指令集。当你计划对一个程序做向量优化时，可以查阅龙芯架构参考手册的向量指令集部分。

10.3 指令融合和地址对齐

指令融合是指将多条指令由使用效率更高的一条或者几条指令进行替换，从而提高性能。例如：

```
shl    r3, 3
add.d r2, r2, r3
=>
alsl_d r2, r3, r2, 2
```

因为龙芯指令集有移位加的指令alsl，故数据相关的两条移位指令shl和add可用一条alsl指令完成。

如果多线程程序对共享数据有保序要求，可能需要在写指令st前后添加屏障指令dbar，此时使用具有屏障功能的原子指令会更高效，示例如下：

```
dbar 0
st.w r4, r12, 0
dbar 0
=>
amswap_db.w r0, r4, r12
```

众所周知，访存应当尽可能地满足地址自然对齐。对非对齐的内存地址进行访问（load或者store）可能导致处理器花费额外的内存周期和执行更多的指令。即使龙芯处理器已经支持硬件自动处理非对齐，使得非对齐数据访存没有软件处理开销那么大，但也有一定程度的性能下降。所以对一些常用的保证数据对齐的方式还是有必要了解的，比如：

- 将多字节整数和浮点数对齐到自然边界；
- 尽量使用存储对齐，而非加载对齐；
- 必要时填充数据结构，以保证正确对齐。

在龙芯指令集中，边界检查访存指令、原子访存指令和普通访存指令中的 LDX、STX 指令强制要求访存地址自然对齐，否则将触发非对齐例外。而其他常用的普通访存指令，例如 LD.{B/H/W/D}、ST.{B/H/W/D}、LDX.{B/H/W/D}、STX.{B/H/W/D} 等，如果硬件实现非对齐访存且当前环境配置为允许非对齐访存，那么其支持非对齐访存，即当访存地址不是自然对齐时，硬件处理自然对齐并返回正确结果。LoongArch 支持硬件处理非对齐的内存数据访存。对于如何判断当前环境配置为允许非对齐访存，可以编写一个简单的非对齐访存程序来验证，也可以通过读取控制状态寄存器 MISC 来判断。

10.4 指令调度

10.4.1 指令流水线和流水线冲突

指令流水线就是把每一条指令的执行划分成几个阶段，多条指令的不同阶段可以在同一个周期内同时进行，充分利用 CPU 核中的功能部件，从而提高指令吞吐量。

以经典的 5 级流水线为例，一条指令的执行被分为取指、读寄存器、执行、访问内存、写回这 5 个阶段，如图 10-1 所示。

取指	读寄存器	执行	访问内存	写回				
	取指	读寄存器	执行	访问内存	写回			
		取指	读寄存器	执行	访问内存	写回		
			取指	读寄存器	执行	访问内存	写回	
				取指	读寄存器	执行	访问内存	写回

图 10-1　5 级流水线

指令的每一个阶段都占用固定的时间（通常为一个处理器时钟周期）。取指阶段完成，根据程序计数器（PC）访问指令缓存和指令 TLB 来取一条或多条指令到指令存储器。读寄存器阶段用于读取该指令的源寄存器中的内容。执行阶段用于完成算术或者逻辑运算。访问内存阶段用于读写数据缓存中的内存变量。写回阶段将操作结果值写回寄存器堆。

当第一条指令执行到读寄存器阶段时，第二条指令就可以在同一时间段进入取指阶段，而第二条指令执行到读寄存器阶段，第三条指令就可开始取指阶段，依次类推。指令流水线意味着在同一个时钟周期内，可以有多条指令分别处于不同的流水级。可以看出，流水线技术可以提高处理器对指令的吞吐量，明显缩短程序的执行时间。龙芯 3 号处理器的基本流水线包括 PC、取指、预译码、译码 1、译码 2、寄存器重命名、调度、发射、读寄存器、执行、写回、提交，共 12 级流水。

大部分指令之间是存在相关性的，具体可分为 3 种情况：数据相关、控制相关和结构相关。如果当前指令需要用到上一条指令的结果，当前指令的执行需要等上一条指令执行完成，则这两条指令定义为数据相关。如果当前指令为条件转移指令，下一条指令的执行取决于当前条件转移指令的执行结果，则这两条指令定义为控制相关。如果两条指令使用同一功能部件，例如都使用 ALU 部件的整数运算指令或者都使用 FLU 部件的浮点指令，则这两条指令定义为结构相关。

指令间的相关性会导致流水线阻塞。以数据相关为例，例如第 *N* 条指令的功能是把结果写回 r1 寄存器，第 *N*+1 条指令要用到 r1 的值进行计算。在上述 5 级流水线中，第 *N* 条指令在第五阶段才能把结果写回寄存器 r1，而第 *N*+1 条指令在第二阶段就要读 r1 值，这将导致第 *N* 条指令还没有把结果写回 r1 寄存器时，第 *N*+1 条指令就把旧的值读出来使用，如果不加以控制就会造成运算结果的错误。简单的等待可以解决这类指令的数据相关，即第 *N*+1 条指令在第二阶段等待 3 拍再读取寄存器的值，不过这样就会引起指令流水线的阻塞而导致性能下降。

流水线前递技术可以解决指令间的数据相关问题，即后面指令不需要等到前面指令把执行结果写回寄存器即可获得。例如下面的指令：

```
add.d r5, r4, r3
sub.d r6, r5, r3
```

这里第二条减法指令 sub.d 的计算用到了第一条加法指令 add.d 的结果，即可认为两条指令是存在数据相关的。使用流水线前递技术可以让 sub.d 指令计算时不用等到 add.d 指令的写回阶段完成，而是在 r4 与 r3 加法运算执行完成后就可获得结果，继续 sub.d 指令的执行阶段。

但在多拍操作的情况下，前递技术的作用还十分有限。因为前递技术只能少等 1、2 拍，而对于下面这样的指令序列：

```
load r1, addr
addi r1,r1,#2
```

因为 load 指令要执行多拍且不能确定拍数，流水线前递技术对此无能为力。故后文会介绍通过静态指令调度隔开相关的指令来避免流水线冲突。

再来了解一下控制相关和结构相关造成的流水线阻塞。对于控制相关，由于在条件转移指令执行完成之前，处理器无法确定下一条要执行的指令地址，所以不能把下一条指令放入流水线中，只能等待该条件转移指令执行完毕才能开始下一条待执行指令的取址，故也会导致流水线阻塞。目前大部分的处理器基本都有针对此情况的分支预测技术，从而尽量减少控制相关带来的流水线阻塞次数。结构相关引起流水线阻塞的原因就是资源的有限性，例如如果处理器只有一个乘法功能部件，那么一条乘法指令在运算时，后面的乘法指令只能等待，故也就导致流水线阻塞。

10.4.2 指令调度

指令调度指的是在不影响程序执行结果正确性的前提下，通过改变指令的执行顺序来避免由于指令相关引起的流水线阻塞，从而提升程序执行性能。指令调度分静态调度和动态调度，动态调度由硬件自动进行，而静态调度由汇编语言编写人员或编译器在程序执行前进行指令重新排序来实现。

在对指令静态调度优化之前，我们需要了解现代处理器内部通常有多个功能部件，不同类型的指令由不同的功能部件执行，且可能需要不同的执行拍数。例如算术运算、逻辑运算、转移指令在定点 ALU 里执行，且 1 拍就够了；浮点运算在浮点 ALU 中执行，且浮点 ALU 需要 2、3 拍，浮点乘 / 除法运算最少需要 5、6 拍；访存指令在访存部件中执行，且执行拍数是不确定的（和 Cache 命中 / 不命中有很大关系），但是也需要多拍。

假设数据相关的浮点加载指令和浮点运算指令之间需要空 1 拍（记为指令延迟为 1），两条数据相关的浮点运算指令之间需要空 2 拍（记为指令延迟为 2），其他数据相关的整型运算指令之间没有延迟。例如要实现对一个数组内的每个元素和一个定值的加法运算，其指令序列和指令延迟信息如下：

```
i1  Loop:      fld.f      fa0,    0(r1)
                    | 1
i2             fadd.f  fa2,    fa0,    fa1
                    | 2
i3             fsd.f      fa2,    0(r1)
i4             addi.w     r1,      r1,      -4
i5             bnez       r1,     Loop
```

这是指令调度之前的指令序列，共 5 条指令（分别为 i1~i5）。i1 和 i2 之间的 1 代表 i1 和 i2 有数据依赖（数据相关），且 i1 指令延迟为 1。i2 和 i3 也有数据依赖且指令延迟为 2。i4 和 i5 虽有数据依赖，但是没有延迟。可以计算出处理器执行完这 5 条指令执行需要 8 拍。对于这样的指令序列，我们可以通过调整指令间的执行顺序来减少指令延迟。具体可以优化成如下形式：

```
i1  Loop:      fld.f      fa0,    0(r1)
                    | 1
i2             fadd.f  fa2,    fa0,    fa1
i4             addi.w  r1,      r1,      -4
i3             fsd.f   fa2,    4(r1)
i5             bnez    r1,     Loop
```

在优化后的指令序列中，将 i3 和 i4 指令位置互换，同时调整 i3 指令存储位置 0（r1）为 4（r1）来确保程序的正确性。处理器执行完这 5 条指令仅需要 6 拍，比优化之前减少了 2 拍。

一般而言，对于控制相关，我们能做的优化是有限的。但是对于数据相关和结构相关，我们可以更细致地分析，充分利用指令间的延来提高程序的执行效率。

10.5 循环展开

循环展开是对有循环体的程序进行优化的技术，通过多次复制循环体内部指令，使循环次数减少或消除，以此降低由于循环索引递增和条件检查指令的多次执行而引起的性能开销。

例如在 10.4.2 小节中的循环指令中，指令 fld.f、fadd.f、fsd.f 是直接和运算相关的，而指令 addi、bnez 则是循环开销，可以通过循环展开来减少或者消除被执行次数。当循环次数较小时（比如循环次数为 3），我们可以将其全部展开来消除指令 addi、bnez 的使用，即写为

```
i1          fld.f    fa0,    0(r1)
i2          fadd.f   fa2,    fa0,    fa1
i3          fsd.f    fa2,    0(r1)

i4          fld.f    fa0,    4(r1)
i5          fadd.f   fa2,    fa0,    fa1
i6          fsd.f    fa2,    4(r1)

i7          fld.f    fa0,    8(r1)
i8          fadd.f   fa2,    fa0,    fa1
i9          fsd.f    fa2,    8(r1)
```

循环展开之前的指令为 5 条，循环执行 3 次，共需执行的指令数为 15。而循环展开后仅需要执行 9 条指令即可完成同样的功能。

对循环展开后的指令，我们还可以再进行一次指令调度优化。具体可通过使用不同的寄存器和指令重排来减少指令相关带来的指令延迟，充分利用指令流水线。优化后的指令序列如下：

```
i1          fld.f      fa0,    0(r1)
i4          fld.f      fa3,    4(r1)
i7          fld.f      fa4,    8(r1)

i2          fadd.f     fa2,    fa0,    fa1
i5          fadd.f     fa5,    fa3,    fa1
i8          fadd.f     fa6,    fa4,    fa1

i3          fsd.f      fa2,    0(r1)
i6          fsd.f      fa5,    4(r1)
i9          fsd.f      fa6,    8(r1)
```

通常在编译器领域，对于迭代次数较大的循环体都有最大展开次数，通常为 4 次、8 次或者 16 次。还是以 10.4.2 小节的指令为例，如果迭代次数为 1000，按照展开 4 次来进行，展开后的指令序列如下：

```
Loop: fld.f      fa0,    0(r1)
      fld.f      fa3,    4(r1)
      fld.f      fa4,    8(r1)
      fld.f      fa5,    12(r1)

      fadd.f     fa2,    fa0,    fa1
      fadd.f     fa6,    fa3,    fa1
      fadd.f     fa7,    fa4,    fa1
      fadd.f     fa8,    fa5,    fa1

      fsd.f      fa2,    0(r1)
      fsd.f      fa6,    4(r1)
      fsd.f      fa7,    8(r1)
      fsd.f      fa8,    12(r1)

      addi.w     r1,      r1,      -16
      bnez       r1,     Loop
```

因为循环展开了 4 次，指令 addi.w 中 r1 累加值由之前的 -4 变为 -16。虽然指令 addi、bnez 没有被完全消除，但由于循环次数减少，循环体执行的总指令数减少了很多。

循环展开可以降低循环执行开销，但是会增加代码空间，可能对指令 Cache 的命中率（CPU 在指令 Cache 中找到有用的指令被称为命中，否在为不命中。命中率为全部执行指令后，命中指令占全部执行指令的比率）产生影响，故一般 16 基本是展开次数上限。展开次数不宜过大的另一个原因是寄存器数量的限制。上面介绍的循环展开后，如果寄存器空闲，就可以被利用起来减少指令间的数据依赖，从而对展开后的指令做二次优化。但是如果展开次数过大，没有多的空闲寄存器可用，此时要么选择部分寄存器数据进栈保存、待循环结束后再从栈上恢复这些寄存器的数据，要么就只能忍受循环展开后的数据依赖带来的部分性能损耗。

10.6 性能分析工具 perf

perf 是 Linux 平台的一款性能分析工具，能够对一个程序进行全程或者部分运行时段进行监控，实现函数级甚至指令级的性能统计和热点查找，从而帮助我们评估和定位程序的性能瓶颈。监控也是多方面的，比如程序运行的总时间、程序执行总指令数、CPU 周期数、程序中分支指令总数和分支预测率、Cache 命中率、程序触发缺页中断数量等，这些都被称为事件。使用命令 perf list 可以统计出 perf 支持的全部事件，实际工作中可以根据需要来选择相应的事件，部分常见事件如下：

```
$ perf list

  branch-instructions OR branches                    [Hardware event]
  branch-misses                                      [Hardware event]
  bus-cycles                                         [Hardware event]
  cache-misses                                       [Hardware event]
  cache-references                                   [Hardware event]
  cpu-cycles OR cycles                               [Hardware event]
  instructions                                       [Hardware event]
  ref-cycles                                         [Hardware event]
  cpu-clock                                          [Software event]
  cpu-migrations OR migrations                       [Software event]
  page-faults OR faults                              [Software event]
  task-clock                                         [Software event]

  L1-dcache-load-misses                              [Hardware cache event]
  L1-dcache-loads                                    [Hardware cache event]
  L1-dcache-prefetch-misses                          [Hardware cache event]
  L1-dcache-prefetches                               [Hardware cache event]
  L1-dcache-store-misses                             [Hardware cache event]
  L1-dcache-stores                                   [Hardware cache event]
  L1-icache-load-misses                              [Hardware cache event]
  L1-icache-loads                                    [Hardware cache event]
  L1-icache-prefetch-misses                          [Hardware cache event]
  L1-icache-prefetches                               [Hardware cache event]
  branch-load-misses                                 [Hardware cache event]
  branch-loads                                       [Hardware cache event]
...
```

perf 工具支持的子命令也很多，可以通过执行 perf 命令查看全部子命令。本节只介绍以下 3 种常用的 perf 子命令。

- perf stat：在程序开始时，对特定的事件计数器进行计算，在程序运行结束时把默认或者指定的事件统计结果简单地汇总并显示在标准输出上。
- perf top：实时显示系统 / 进程的性能统计信息。
- perf record/perf report：perf record 用于记录一段时间内或程序全过程的性能事件，并将结果保存在 perf.data 文件中；而 perf report 用于读取 perf record 生成的 perf.data 文件，并显示分析数据。

10.6.1 perf stat 的使用

perf stat 用于对程序进行一个概览性的性能统计。它的常用命令格式为

```
perf stat [ -e <event> | --event=EVENT] [ -p <pid> | start_command ]
```

其中参数“-e”或“--event”用来指定要监测的具体事件。参数“-p”用于监测一个已经在运行的程序，后面跟的 pid 为此程序进程号。例如，要统计程序进程号为 17223 的程序在监测时间内的分支预测率，具体命令如下：

```
perf stat -e branches -e branch-misses -p 17223
```

如果不指定具体监控事件，perf stat 的默认监测的事件有 task-clock、context-switches、cpu-migrations、page-faults、cycles、instructions、branches、branch-misses。例如使用 perf stat 全程监控一个名为 hot 的程序的性能，运行命令和结果信息如下：

```
$ perf stat ./hot


 Performance counter stats for './hot':
          4,736.17      msec task-clock:u         #    0.090 CPUs utilized
      412,675           context-switches:u        #    0.087 M/sec
                 0      cpu-migrations:u          #    0.000 K/sec
                45      page-faults:u             #    0.010 K/sec
       707,087,126      cycles:u                  #    0.149 GHz
       517,319,871      instructions:u            #    0.73  insn per cycle
       113,415,431      branches:u                #   23.947 M/sec
         4,710,708      branch-misses:u           #    4.15% of all branches

      52.778699178 seconds time elapsed

       6.000671000 seconds user
       0.000000000 seconds sys
```

这里显示了执行“perf stat”后默认事件的信息统计，第一列显示了每个事件的占用时间或执行次数的统计值，第二列显示了每个事件的名称，第三列为每个事件的备注信息。评价程序性能好坏最直观的就是总执行时间，即数据“52.778699178 seconds time elapsed”，这代表了程序执行消耗的实际时间（从程序开始执行到完成所经历的时间）。最后两行数据“6.000671000 seconds user”和“0.000000000 seconds sys”分别统计的是此程序消耗的用户态 CPU 时间和内核态 CPU 时间。

事件 task-clock 统计的是此程序真正占用的处理器时间，单位为毫秒。这里统计的结果是“4,736.17”毫秒。该值与程序的总执行时间的比值即为 CPU 占用率，即第三列显示的“0.090

CPUs utilized”，比值越高说明程序的更多时间花费在 CPU 计算上而非 I/O 上。对于密集计算型多线程程序，如果是单线程执行，此值可以接近 1；如果是多线程执行，此值可接近当前处理器所用核数。

事件 context-switches 统计的是程序执行过程中上下文切换总次数。这里统计的结果是“412,675”次。如果程序中执行了系统调用、进程切换等，都会触发上下文切换。该值与事件 task-clock 统计结果比值为单位时间内上下文切换次数，即第三列显示的“0.087 M/sec”。

perf 支持的事件中有些是需要 root 权限的，例如事件 context-switches，当权限不足时获取到的事件信息将为 0。建议使用 perf 之前将 proc/sys/kernel/perf_event_paranoid 的值设置为 -1，或者以 root 用户或管理者的身份（即 sudo 命令）执行 perf 命令。

事件 cpu-migrations 统计的是程序执行过程中处理器核的迁移次数。这里统计的结果是“0”次，说明程序执行过程一直在一个处理器核运行，没有发生过迁移。通常系统为了维护多个处理器之间的负载均衡，在达到一定条件后可能会将一个任务从一个处理器核迁移到另一个处理器核上。

事件 page-faults 统计的是程序执行过程中缺页异常发生的总次数。这里统计的结果是“45”次。该值与事件 task-clock 统计结果比值为单位时间内发生的缺页次数，即第三列显示的“0.010 K/sec”。

事件 cycles 统计的是程序执行占用的处理器周期数。这里统计的结果是“707,087,126”次。此值与事件 task-clock 统计结果的比值为有效主频，即第三列显示的“0.149 GHz”，远小于当前程序运行主机的处理器主频 2.3GHz。

事件 instructions 统计的是程序执行的总指令数量。这里统计的结果是“517,319,871”次。此值和事件 cycles 值的比值为 IPC（insn per cycle），代表平均一个 CPU 周期内执行的指令数，这里 IPC 值为第三列显示的“0.73”。通常 IPC 值越高越好，值越高说明程序更充分的利用处理器。当前龙芯处理器为四发射结构，那么理论上 IPC 值最高可以接近 4。前面在介绍指令重排优化时，完全可以通过 IPC 值变化来判断重排效果好坏。

事件 branches 和 branch-misses 分别统计程序执行过程中的分支指令数量和分支预测失败的指令数量。这里显示分别为“113,415,431”次和“4,710,708”次。branch-misses 值与 branches 的比值为分支预测率，即 branch-misses 后面显示的“ 4.15% of all branches ”。分支预测率越高，越影响程序的执行性能。前面提到的循环展开技术可以减少分支指令的执行。

如果默认的事件不能满足要求，可以使用“pert stat -e event_name”来指定具体事件的统计。例如要查看一个程序执行过程中的一级数据缓存情况，可以使用命令“perf stat -e L1-dcache-load-misses，L1-dcache-loads”。

```
$ perf stat -e L1-dcache-load-misses,L1-dcache-loads ./a.out


 1,647,471      L1-dcache-load-misses:u  #    0.01% of all L1-dcache hits
 11,981,683,574      L1-dcache-loads:u


5.642483054 seconds time elapsed
```

LoongArch 架构的处理器支持硬件预取功能，故一般正常的程序的 Cache 未命中率都不会很高。这里显示当前程序的数据 Cache 未命中率为 0.01%，说明当前程序中数据加载指令都有较好的命中率，导致 Cache 的命中率很高。如果用户程序出现 Cache 未命中率很高的情况，可以进一步使用 perf record 来定位问题函数，并尝试调整函数实现逻辑或使用 LoongArch 的数据预取指令尝试对其进行优化。

另外 perf stat 还可以按线程来监测某个程序的性能，示例命令如下：

```
// 监测进程 ID 为 1318 程序的指令数量
perf stat --per-thread -e branch-misses  -p 1318
```

10.6.2 perf top 的使用

可以看到 perf stat 能对程序进行概括性的统计分析，但是不能精确到函数和汇编指令级别。perf top 不仅能精确到函数和汇编指令级别的事件性能统计，还可以实时显示出性能统计结果。perf top 的命令格式如下：

```
perf top [ -e <event> | --event=EVENT] [ -p <pid> ]
```

其中参数“-e”或“--event”用来指定待监测的性能事件，如果不指定，默认监测的性能事件类型为 cycles。如要实时监测进程号为 17223 的程序的性能，则使用如下命令，结果如图 10-2 所示。

```
$ perf top -p 17223
```

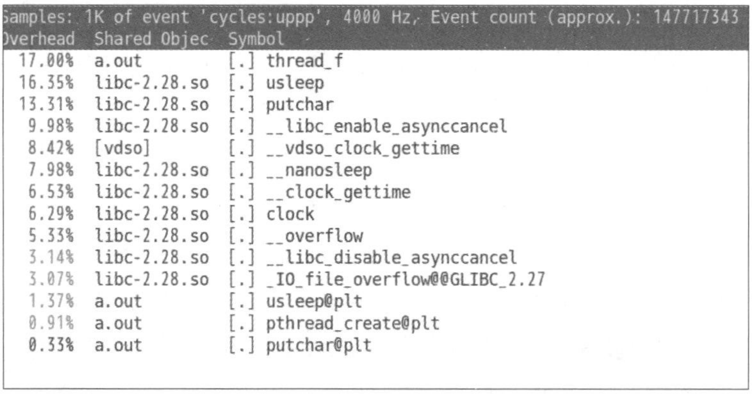

```
Samples: 1K of event 'cycles:uppp', 4000 Hz, Event count (approx.): 147717343
Overhead  Shared Objec  Symbol
  17.00%  a.out         [.] thread_f
  16.35%  libc-2.28.so  [.] usleep
  13.31%  libc-2.28.so  [.] putchar
   9.98%  libc-2.28.so  [.] __libc_enable_asynccancel
   8.42%  [vdso]        [.] __vdso_clock_gettime
   7.98%  libc-2.28.so  [.] __nanosleep
   6.53%  libc-2.28.so  [.] __clock_gettime
   6.29%  libc-2.28.so  [.] clock
   5.33%  libc-2.28.so  [.] __overflow
   3.14%  libc-2.28.so  [.] __libc_disable_asynccancel
   3.07%  libc-2.28.so  [.] _IO_file_overflow@@GLIBC_2.27
   1.37%  a.out         [.] usleep@plt
   0.91%  a.out         [.] pthread_create@plt
   0.33%  a.out         [.] putchar@plt
```

图 10-2　perf top 的实时数据

从图 10-2 可以看出，perf top 以函数为单位，按其性能占比情况从高到低排列，占比较高（超过 5.00%）的函数会被标记为红色。函数名称和函数所在库分别在第三列和第二列展示。随着程序的持续运行，perf top 也会实时更新热点函数和其占比。

如果想继续查看这个热点函数内的热点汇编指令分布情况，可以使用鼠标继续单击此函数所在行进入 annotate 模式（同 perf 子命令 perf annotate method_name），图 10-3 显示了最热函数 thread_f 被进一步展开后的信息。

```
Samples: 45K of event 'task-clock', 4000 Hz, Event count (approx.): 5352571631
thread_f  /home/sunguoyun/c-test/a.out [Percent: local period]
Percent│
       │
       │      Disassembly of section .text:
       │
       │      0000000120000850 <thread_f>:
       │      thread_f():
       │        addi.d $r3,$r3,-32(0xfe0)
       │        st.d   $r1,$r3,24(0x18)
       │        st.d   $r23,$r3,16(0x10)
       │        st.d   $r24,$r3,8(0x8)
       │        pcaddu12i $r23,8(0x8)
       │        addi.d $r23,$r23,-2008(0x828)
       │        pcaddu12i $r24,8(0x8)
       │        addi.d $r24,$r24,-2024(0x818)
 12.85 │        ldptr.d $r12,$r24,0
       │        addi.d $r12,$r12,3(0x3)
       │        ldptr.d $r13,$r23,0
 27.93 │        mul.d  $r12,$r12,$r13
 12.29 │        stptr.d $r12,$r23,0
       │        addi.w $r4,$r0,97(0x61)
       │      → bl     putchar@plt
 46.93 │      → b      -28(0xfffffe4) # 120000870 <thread_f+0x20>
```

图 10-3 perf annotate 后的结果数据

10.6.3 perf record/report 的使用

perf top 实时展示了系统的性能信息，但它并不保存数据，所以无法用于后续总体的性能分析，perf record 解决了这一问题。perf record 用于对一段时间内或程序全过程的性能事件做统计记录，并将结果保存在名为 perf.data 的文件中，这个文件不能直接查看，需要使用 perf report 来帮助读取 perf.data 文件内容，并显示分析数据到输出终端。它们的命令格式如下：

```
perf record [ -e <event> | --event=EVENT] [ -p <pid> | start_command ]
perf report [ file_name ]
```

perf record 的默认监控事件类型也是 cycles，如需指定其他事件类型，可以使用参数“-e”或者“--event”。监控可以在程序启动之前开始，也可以在程序运行过程中（使用参数“-p”指定进程号）。perf report 默认加载当前目录下的名为 perf.data 的性能文件，如果文件不在当前目录或者名称不是 perf.data（可能被重命名），可以通过指定文件路径和文件名来加载。对现有进程（进程号为 17223）进行一段时间性能监控的命令如下：

```
perf record -p 17223
```

采样时间可以尽可能长一些，这样能更精准定位到热点函数和热点指令。采样完成后（使用 Ctrl+C 停止采样）使用命令“perf report”来加载 perf.data 并查看其中信息，展示的信息和 perf top 展示的图 10-2 基本一致。

对于复杂的服务程序的性能定位，perf 工具将起到事半功倍的效果。同样“perf record”后面也可以通过参数“-e event_name”来指定事件，通过参数“-p pid”来对已经运行的程序做监测记录，这里不详细列举，读者可以根据自己的程序自行测试。更详细的使用方法可以通过命令“perf record -h”来查看。

10.7 本章小结

本章在汇编指令的层次，介绍了程序常用到的优化技术，包括向量指令、指令融合、指令重排、循环展开，以及这些优化技术背后涉及的计算机体系架构知识。希望读者能将相关技术融入自己的程序中以提升程序性能。本章最后还对常用性能分析工具 perf 做了简单的介绍，熟悉此工具的使用方法将大大提升我们遇到性能问题时的排查和解决效率。

10.8 习题

1．汇编程序中常用的优化手段有哪些？请逐一列举。

2．编写一个示例程序来验证地址对齐访问与非对齐访问的性能差距。

3．函数内联是 C/C++ 语言程序中常用的一种优化手段。请具体说明什么是函数内联？使用函数内联的优缺点是什么？

4．查看龙芯架构参考手册的向量指令集部分，对如下 C 语言程序用向量指令进行优化，并使用 perf 工具查看优化前后的性能。

```
uint8_t *yuv444 = (uint8_t *) malloc(sizeof(uint8_t) * width * height * 3);
for (x = 0, y = 0; x < width*height*2, y < width*height*3; x+=4, y+=6) {
  yuv444[y+0] = yuv422[x+0];
  yuv444[y+1] = yuv422[x+1]
  yuv444[y+2] = yuv422[x+3]
  yuv444[y+3] = yuv422[x+2]
  yuv444[y+4] = yuv422[x+1]
  yuv444[y+5] = yuv422[x+3]
}
```

5．对如下 C 语言程序，分别使用参数 -O0 和 -O3 来编译。使用 objdump 工具查看编译后生成的指令信息，并说明差别。

```
void test (float * farray, int iarray, int length) {
  for (int i = 0; i < length; i++) {
    farray[i] += 2.0;
    iarray[i] += 2;
  }
```